VERSTÄNDLICHE WISSENSCHAFT

FÜNFUNDDREISSIGSTER BAND

SICHTBARES
UND UNSICHTBARES LICHT

VON

EDUARD RÜCHARDT

SPRINGER-VERLAG

BERLIN · GÖTTINGEN · HEIDELBERG

1952

SICHTBARES UND UNSICHTBARES LICHT

VON

DR. EDUARD RÜCHARDT

O. PROFESSOR FÜR PHYSIK
AN DER UNIVERSITÄT MÜNCHEN

ZWEITE VERBESSERTE AUFLAGE

MIT 137 ABBILDUNGEN

SPRINGER-VERLAG

BERLIN · GÖTTINGEN · HEIDELBERG

1952

HERAUSGEBER DER NATURWISSENSCHAFTLICHEN REIHE:
PROF. DR. KARL v. FRISCH, MÜNCHEN

ISBN-13: 978-3-642-88182-4   e-ISBN-13: 978-3-642-88181-7
DOI: 10.1007/978-3-642-88181-7

Vorwort.

Gewisse Verfasser sagen, wenn sie von ihren Werken sprechen: Mein Buch, meine Abhandlung, meine Geschichte. Sie täten besser, zu sagen: Unser Buch, unsere Abhandlung, unsere Geschichte, da ja gewöhnlich mehr vom Eigentum anderer als von dem ihren drin steckt.   Blaise Pascal.

Die erste Auflage unseres Buches ist im Jahre 1938 erschienen und war in knapp zwei Jahren vergriffen. Es hat eine freundliche Beurteilung in zahlreichen Referaten und in persönlichen Zuschriften von Fachkollegen erfahren. Ich schließe daraus, daß mein Ziel, dem Laien verständlich, dem Fachmann aber nicht trivial und langweilig zu erscheinen, bis zu einem gewissen Grade erreicht worden ist. Bei der vorliegenden zweiten Auflage, deren Erscheinen durch die Verhältnisse bisher verhindert war, wurde an der ganzen Anlage nichts geändert. Um für neue wichtige Dinge Platz zu gewinnen, mußten indessen manche Abschnitte der ersten Auflage gekürzt, einige ganz gestrichen werden. Der Abschnitt über Lichtquellen wurde neu geschrieben. An vielen Stellen wurde die Darstellung verbessert, Druckfehler und Versehen beseitigt. Viele Abbildungen habe ich durch bessere ersetzt. Für die Überlassung von neuen Originalbildern danke ich vor allem den Kollegen *L. Föppl* (München) und *R. Müller* (Sonnenobservatorium Wendelstein). Der letzte Teil der ersten Auflage, in dem in gedrängter Form die Quantentheorie des Lichtes skizziert war, wurde nunmehr auf wenige Andeutungen zusammengezogen. Das Gebiet ist so groß und wichtig, daß eine gesonderte Darstellung in dieser Sammlung unerläßlich erscheint.

Der Verlag hat keine Mühe gescheut, um dem Buch wieder eine gute Ausstattung zu geben. Da alle Klischees im Kriege zerstört waren, bedeutet dies eine große Arbeit. Herrn Dr. *J. Brandmüller* danke ich besonders für Hilfe beim Lesen der Korrekturen.

Daß die Bändchen der „Verständlichen Wissenschaft" wiedererscheinen können, darf man, so hoffen wir, begrüßen wie einst nach der Sintflut Noah die Taube mit dem Ölblatt begrüßte, als ein Zeichen dafür, „daß das Gewässer gefallen wäre auf Erden".

München, im September 1952.   *E. Rüchardt*

Inhaltsverzeichnis.

Quellenangaben der Abbildungen.

Folgende Abbildungen des Buches sind andern Werken und Zeitschriften entnommen oder wurden mir von Kollegen überlassen:

1, 7, 32, 33, 77 aus *R. W. Pohl:* Einführung in die Mechanik, Akustik u. Wärmelehre. 9. Aufl. Springer, Berlin 1947.

17   aus *R. W. Wood:* Physical Optics. McMillan Comp., New York 1934.

27, 28   aus *H. Schardin:* Ergebnisse der exakten Naturwissenschaften, Bd. 20 (1942), Springer, Berlin.

30, 31   aus *Arkadiew:* Physik. Zeitschr. Bd. 14 (1913). Hirzel, Leipzig.

37, 55   aus *Grimsehl-Tomaschek:* Lehrbuch der Physik. Teubner, Leipzig-Berlin 1938.

39   nach Diapositiv einer Originalaufnahme von *E. Regener.*

44, 48, 126 aus *R. W. Pohl:* Optik, 4. u. 5. Aufl. Springer, Berlin 1943.

58   aus *H. Wolter:* Naturwissenschaften, Bd. 37 (1950). Springer, Berlin. (Richtiger Legendentext: Phasengitter, *oben* ohne, *unten* mit Phasenkontrast.)

62, 63   aus *S. Tolansky:* Multiple — Beam Interferometry of Surfaces and Films. Oxford, at the Clarendon Press 1948.

74   aus *M. Haase:* Glastechnische Berichte, Dtsch. Glastechn. Ges. Frankfurt/M.

75   nach einer Aufnahme aus dem Münchner Mech.-Techn. Laboratorium d. T. H. Direktor *L. Föppl.*

76   aus *G. Schmaltz:* Oberflächenkunde. Springer, Berlin 1937.

86   aus *Chwolson:* Lehrbuch der Physik. Vieweg, Braunschweig 1904.

87   aus *E. v. Angerer:* Naturwissenschaften, Bd. 18 (1930). Springer, Berlin.

88, 90, 91 aus Dr. *O. Helwich:* Die Infrarot-Fotografie und ihre Anwendungsgebiete. Verlag Dr. W. Heering, Harzburg 1937.

89   aus *R. Mecke:* Naturwissenschaften, Bd. 25 (1937). Springer, Berlin.

92   aus *Drevermann:* Senckenbergische Naturforschende Ges. ‚Natur und Museum' Frankfurt/M. 1927.

94   nach einer Photographie aus dem Museum für Kunsthandwerk, Frankfurt/M.

95   aus *W. Gerlach:* Metallwirtschaft, Bd. 16 (1937). N. E. M.-Verlag, Berlin.

97, 98   nach Aufnahmen von *R. Müller* auf dem Sonnenobservatorium Wendelstein.

100   aus *Newcomb:* Astronomie für Jedermann. G. Fischer, Jena.

102   aus *H. Billing:* Annalen der Physik, Bd. 32 (1938). Barth, Leipzig.

111, 116, 124 aus *R. W. Pohl:* Einführung in die Elektrizitätslehre, 13. u. 14. Aufl. Springer, Berlin 1949.

113, 119 aus *W. Westphal:* Physik, 14. u. 15. Aufl. Springer, Berlin 1950.

122   aus *Zimmer:* Umsturz im Weltbild der Physik. Knorr u. Hirth, München 1934.

123   aus *Back u. Landé:* Zeemaneffekt u. Multiplettstruktur d. Spektrallinien. Springer, Berlin 1925.

131, 133 aus *Manne Siegbahn:* Spektroskopie der Röntgenstrahlen, 2. Aufl. Springer, Berlin 1936.

135   aus *H. Seemann:* Physik. Zeitschr., Bd. 38 (1937). Hirzel, Leipzig.

I. Einleitung.

a) Was die Alten über das Licht dachten.

Wär' nicht das Auge sonnenhaft,
Wie könnten wir das Licht erblicken,
Lebt' nicht in uns des Gottes eigne Kraft,
Wie könnt' uns Göttliches entzücken!

Goethe.

Für den Eintritt des Menschen in das irdische Dasein besitzen wir in unserer Sprache ein schönes Wort: Das Kind erblickt das Licht der Welt. Das Sehen im eigentlichen Sinne, das Ordnen der Lichteindrücke zu sinnvollen Bildern, wird vom Kind freilich erst ganz allmählich erlernt. Noch bevor wir aber bewußt in das Leben eintreten, hat das Licht der Sonne uns umflutet, unser Wachstum geregelt und uns erwärmt. Wir sind Kinder der Sonne und, solange wir auf Erden wandeln, dem Lichte verhaftet. Das haben die Menschen schon immer gewußt. Alles, was gesund, gut und edel war, wurde von jeher dem Reich des Lichtes, alles Böse, Verworfene, Häßliche dem Reiche der Finsternis zugeteilt.

Es ist sehr wunderbar, daß die Menschen eines Tages auf den Gedanken verfielen, daß hinter der Sinneswelt, die wir unmittelbar wahrnehmen, die uns durch ihre Töne und Farben, ihren Duft, ihren Glanz und ihre wohlige Wärme umschmeichelt oder durch eisige Kälte und Finsternis bedroht, noch etwas verborgen wäre, was wir bis zu einem gewissen Grade enträtseln und verstehen können. So haben schon die griechischen Philosophen das Wesen des Lichtes zu erkennen gesucht, und die Wege, die menschliches Denken in alten Zeiten hierbei gegangen ist, sind wunderlich genug. Es lohnt sich, ein wenig dabei zu verweilen.

Die Wirkung des Auges als Wahrnehmungsorgan des Lichtes und die des Lichtes selbst als eines Vorganges in der Außenwelt ist von manchen griechischen Philosophen miteinander vermengt worden. Der Schall wurde anscheinend als wirklicher angesehen als das Licht. Pythagoras (um 550 v. Chr.), Euklid, Hipparch sahen daher das Ohr zwar als Empfänger des Schalls an, deuteten aber den Vorgang des Sehens als eine Ausstrahlung des Auges, das durch Ausschleuderung von „Sehstrahlen" die Gegenstände abtastet. Dies wird, seltsam genug, damit in Zusammenhang gebracht, daß das Ohr nach innen, das Auge aber nach außen gewölbt ist. Andere Philosophen, vor allem Demokrit (um 400 v. Chr.), Leukipp, später auch der römische Dichter Lukrez, kehrten die Richtung um. Nach ihrer Meinung senden die Gegenstände Abbilder nach Art zarter Häute, gewebt aus den Atomen der Körper, aus. Sie durcheilen den Raum mit großer Geschwindigkeit, zerreißen beim Aufprallen auf rauhe Gegenstände, prallen aber an glatten Flächen ab und ergeben dann Spiegelbilder. Empedokles (um 550 v. Chr.), Plato (427 bis 347), viel später Plutarch (um 100 v. Chr.) verbinden beide Vorstellungen miteinander: Sehstrahlen und Ausströmungen von Gegenständen vereinigen sich beim Vorgang des Sehens. Das aus dem Auge strahlende Licht muß, wenn es etwas erblicken soll, draußen ein ihm verwandtes Licht antreffen.

Es wäre vermessen, über solche Vorstellungen überlegen zu spotten, nur weil sie mit physikalischem Denken wenig zu tun haben. Wir finden einen ähnlichen Gedanken bei Goethe wieder: „Und so bildet sich das Auge am Licht fürs Licht, damit das äußere Licht dem inneren Licht entgegentrete." Niemand, der noch ein Gefühl für die Unbegreiflichkeit der Welt und unseres Daseins besitzt, wird sich den allerdings geheimnisvollen und mehr dem Gefühl als dem wachen Verstande zugänglichen Einsichten, die der Dichter uns vermitteln will, entziehen können, trotz allem was uns die physikalische Forschung seither über das Wesen des Lichtes enthüllt hat. Eindringlicher noch sind die Worte des Dichters, die wir diesem Absatz vorangestellt haben.

b) Etwas über Schwingungen und Wellen, den Schall und das Ohr.

Ohr und Auge sind unsere vornehmsten Sinneswerkzeuge. Was ist der Schall und was ist das Licht, die uns Kenntnis geben von dem größten Teil alles Geschehens in der tönenden und bunten Welt?

Das Wesen der Schallvorgänge birgt für die Physik keine Rätsel mehr. Der Schall ist ein an den Stoff gebundener Vorgang. Er ist aufs engste verknüpft mit uns vertrauten Erscheinungen aus der Körperwelt. Er pflanzt sich nur im materieerfüllten Raum fort, im luftleeren Raum herrscht ewiges Schweigen. Die Fortpflanzungsgeschwindigkeit des Schalles in der Luft ist einfach zu messen. Wer hat nicht schon einem entfernten Holzhacker zugeschaut und die Dauer geschätzt, die zwischen dem sicht-baren Einschlag der Axt und der Ankunft des Hacktones verstreicht? Man kann diese Zeit mit einer Stopp-uhr messen. Die Zeit, die das Licht für dieselbe Strecke braucht, ist ver-schwindend klein. Für etwa 340 Me-ter braucht der Schall in der Luft eine Laufzeit von 1 Sekunde. Es ist nichts Stoffliches, was sich hierbei fortpflanzt. Wenn eine Explosion an einer Stelle erfolgt, so dehnt sich die Luft sehr plötzlich aus und drängt die den Herd umgebenden Luftmassen gewaltsam zusammen und nach allen

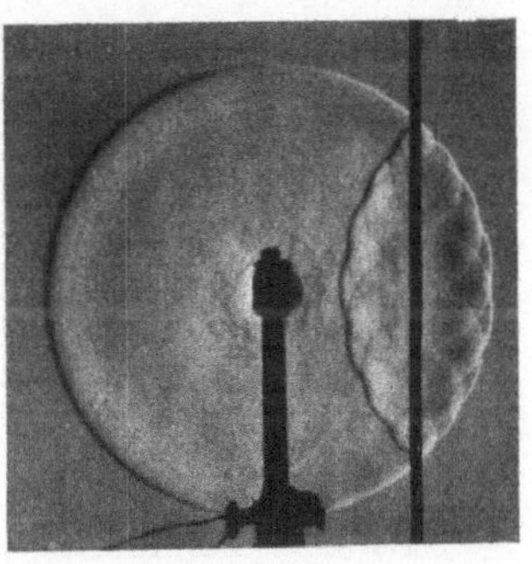

Abb. 1. Reflexion einer Knallwelle an einem Sieb. (Nach C. Cranz.)

Seiten fort. Die Bewegung der Luft in der Nähe des Explosions-herdes kommt dabei wieder zur Ruhe und die umgebende Luft-schicht teilt ihre Bewegung einer noch weiter außen liegenden Schicht mit und kommt dabei selbst ebenfalls zur Ruhe, und so geht das fort. Es entsteht eine nach außen laufende Dichte- und Druckstörung, die unser Ohr als Knall empfindet, wenn sie zuletzt unser Trommelfell trifft. Abb. 1 zeigt die Photographie einer solchen „Knallwelle", die gegen ein Sieb gelaufen ist und dort z. T. zurückgeworfen wurde. Wie man solche wundervollen Aufnahmen machen kann, werden wir später sehen; sie zeigen uns in sehr sinnfälliger Weise die Körperlichkeit dieser Vorgänge.

Die Schallwellen bezeichnet man als Längswellen, weil die Verschiebungen in der gleichen Richtung erfolgen, in der der Schall läuft und nicht etwa quer dazu. Im Inneren der

Flüssigkeiten und Gase gibt es nur solche Längswellen, nur in einem festen Körper sind auch Querwellen möglich. Der Grund liegt darin, daß Flüssigkeiten und Gase nur der Änderung ihres Volumens, nicht aber der ihrer Gestalt einen elastischen Widerstand entgegensetzen. Querwellen, bei denen Störungen in einer zur Bewegung der einzelnen Teilchen senkrechten Richtung fortschreiten, sind nur möglich, wenn bei der Verschiebung eines Teilchens auch das Nachbarteilchen, das senkrecht zu dieser Bewegung liegt, aus seiner Ruhelage bewegt wird. Die Teilchen dürfen also nicht, wie bei Flüssigkeiten und Gasen, unabhängig voneinander verschiebbar sein. Nur dort, wo eine Flüssigkeit an eine andere Flüssigkeit oder an ein Gas grenzt, können eine Art von Querwellen entstehen. Die Wasserwellen auf Wasseroberflächen, die uns aus dem täglichen Leben vertraute Wellenerscheinung, gehören hierher.

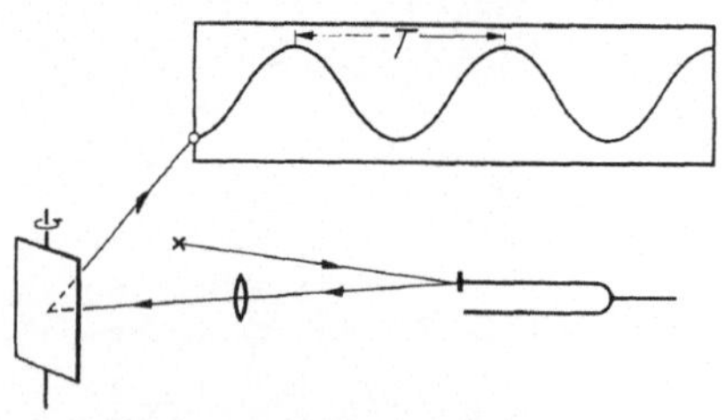

Abb. 2. Sichtbarmachen der Schwingungen einer Stimmgabel.

Wenn die Stöße von einer Schallquelle sich in regelmäßiger Folge wiederholen, entsteht eine periodische Welle. Die Schallquelle kann z. B. eine Stimmgabel sein, deren Zinken periodisch hin und her schwingen. Die Verdichtungen und Verdünnungen in der Luft erfolgen nun ebenfalls in regelmäßiger Zeitfolge. Am Beispiel der schwingenden Stimmgabel und der Schallwellen, die sie aussendet, wollen wir einige für alle Schwingungs- und Wellenvorgänge grundlegende Beziehungen kennen lernen.

Eine Stimmgabel führt Schwingungen sehr einfacher Art aus. Den zeitlichen Verlauf eines Schwingungsvorganges können wir leicht untersuchen, wenn wir an der einen Zinke ein leichtes Spiegelchen befestigen, dieses beleuchten und mit einer Linse die Lichtquelle auf einem weißen Schirm als hellen Fleck abbilden. Der Verlauf der Bewegung wird wahrnehmbar, wenn wir das Licht noch an einem rotierenden Spiegel zwischen Linse und Schirm reflektieren lassen. Er zieht den Bewegungsvorgang senkrecht zur Schwingungsrichtung auseinander (Abb. 2).

Schwingt die Stimmgabel, so erhält man auf dem Schirm eine Wellenlinie.

Diese Linie ist mathematisch eine Sinuslinie, und die Abhängigkeit der Größe des Zinkenausschlags y von der Zeit t läßt sich darstellen durch $y = A \sin 2\pi v t$. A ist der größte Ausschlag, *die Amplitude der Schwingung, v die Anzahl der ganzen Schwingungen in der Sekunde, die sog. Frequenz.* $T = \dfrac{1}{v}$ ist die Dauer einer ganzen Schwingung. Zwei Schwingungen gleicher Amplitude und Frequenz können sich noch dadurch unterscheiden, daß sie nicht gleichzeitig durch die Ruhelage gehen. Sie haben dann, wie man sagt, eine verschiedene *Phase*. Wenn ein schwingendes Gebilde solch eine einfache, harmonische Sinusschwingung um seine Ruhelage ausführt, so liegt dies immer daran, daß eine nach der Ruhelage hin gerichtete Kraft auftritt, die den schwingenden Körper zurückzieht, und zwar um so stärker, je weiter er sich aus der Ruhelage entfernt. Die Kraft wächst im gleichen Verhältnis wie dieser Abstand y. Kraft $= fy$. Solch eine Kraft tritt stets als Folge der

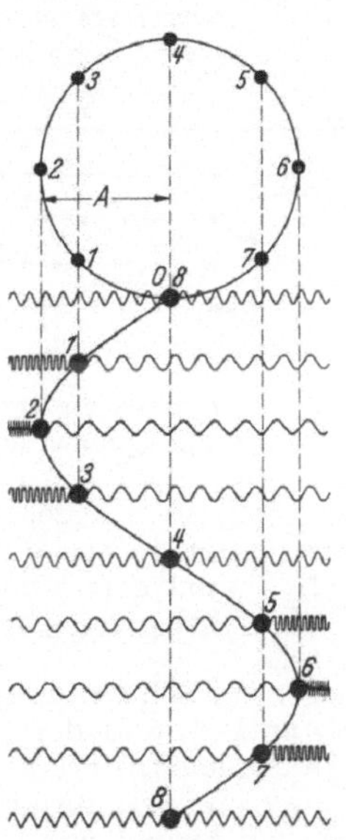

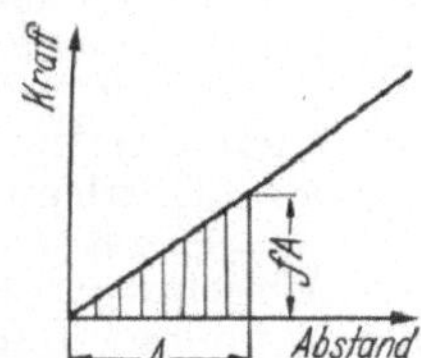

Abb. 3. Sinusschwingung und gleichförmige Kreisbewegung.

Abb. 4. Zur potentiellen Energie bei der Federspannung.

Elastizität der Körper auf und ist auch bei der Stimmgabel vorhanden. Ein sehr einfaches Beispiel zeigt Abb. 3, die Schwingung einer durch elastische Federn gehaltenen Masse. Die Frequenz ist hier in besonders einfacher Weise durch die Masse und die Federkonstante bestimmt. Die Abbildung erklärt weiter eine einfache Beziehung, die zwischen der Sinusschwingung und einer gleichförmigen Kreisbewegung besteht.

Es ist in diesem Falle auch leicht, die Energie der Schwingung zu ermitteln. In den Lagen größter Schwingungsweite ist sie ganz in der Spannung der Federn aufgespeichert. Beim Durchgang durch die Ruhelage ist sie in der Bewegungsenergie der trägen Masse enthalten. Der ganze Schwingungsvorgang besteht in dieser Energieverwandlung. Wenn wir die Kugel in den Abstand A aus der Ruhelage bringen, müssen wir Arbeit (Kraft mal Weg) gegen die rücktreibende Federkraft leisten. Die Kraft ist in jedem Abstand eine andere.

Abb. 4 zeigt den linearen Zuwachs der Kraft mit dem Abstand. Die Gesamtarbeit (Kraft mal Weg) bis zur Entfernung der Masse um die Strecke A ergibt sich einfach als gleich der Fläche des Dreiecks in Abb. 4 Arbeit $= \dfrac{fA^2}{2}$, und dies ist die Energie der Federspannung bei der Entfernung der Masse um die Strecke A aus der Ruhelage. Es ist auch die Bewegungsenergie der Masse $\dfrac{m}{2} v^2 = \dfrac{fA^2}{2}$ beim Durchgang durch die Ruhelage. *Man ersieht hieraus, daß die Schwingungsenergie nicht etwa der Amplitude, sondern dem Quadrat der Amplitude proportional ist.* Wenn in jedem Augenblick die Ausschläge zweier Schwingungen

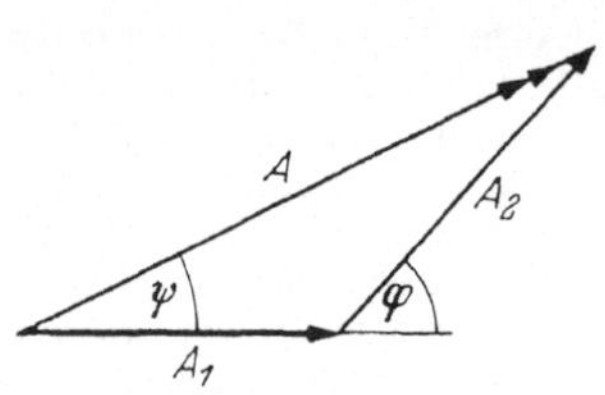

Abb. 5. Zusammensetzung von Amplituden.

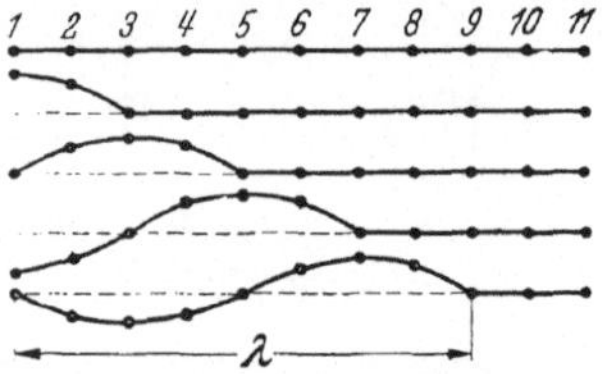

Abb. 6. Zur Entstehung einer elastischen Querwelle.

gleicher Frequenz einander gleichgerichtet sind, so besitzen sie die Phasendifferenz 0°, sind sie einander entgegengesetzt, so ist die Phasendifferenz 180° und geht die eine Schwingungsbewegung gerade durch die Ruhelage, während die andere ihren Maximalausschlag erreicht, so ist die Phasendifferenz 90°.

Eine einfache Überlegung zeigt noch, daß zwei Schwingungen der gleichen Frequenz mit den Amplituden A_1 und A_2 und der Phasendifferenz φ sich wieder zu einer Schwingung der gleichen Frequenz mit bestimmter Amplitude und Phase zusammensetzen. Die resultierende Phase und Amplitude erhält man am schnellsten, wenn man im Endpunkt des Pfeiles von der Länge A_1 den Pfeil von der Länge A_2 unter dem Winkel φ geneigt anträgt, um den die zweite Schwingung der ersten voreilt. Die dritte Seite, die diese beiden Strecken zum Dreieck ergänzt, ist dann die resultierende Amplitude A, während der Dreieckswinkel ψ die Phase angibt, um die die resultierende Schwingung gegen die erste voreilt (Abb. 5). Die hier angedeuteten Grundgesetze haben ihre Gültigkeit für alle Schwingungsvorgänge.

In einem elastischen Stoff wird eine Schwingungsbewegung, die an einer Stelle erfolgt, auf die benachbarten Stellen übertragen und von dort weitergeleitet. Es entstehen dann Querwellen oder Längswellen. In Abb. 6 ist die Fortpflanzung einer harmonischen Schwingung als Querwelle längs eines gespannten Fadens, auf dem Kugeln gleicher Masse in gleichen Abständen angeordnet sind, dargestellt.

Die Masse 1 werde zu einer Schwingungsbewegung veranlaßt.
Die Abbildung zeigt, wie die anderen Massen nacheinander von
der gleichen Bewegung erfaßt werden. Nachdem die Masse 1
eine volle Schwingung vollführt hat, ist die Bewegung bis zum
9. Punkte vorgedrungen, und diese Punkte haben genau die
gleiche Schwingungsphase. Den Abstand solcher Punkte bezeichnet man als Wellenlänge λ. Wenn T die Dauer einer ganzen
Schwingung, v die Frequenz ist, so können wir auch sagen,
daß die Welle sich in der Zeit T um die Strecke λ fortpflanzt
und demnach $c = \dfrac{\lambda}{T} = \lambda\,v$ die Geschwindigkeit der Wellen-
ausbreitung ist. Dies ist die für alle Wellenvorgänge wichtige
Beziehung zwischen Frequenz der Schwingung, Wellenlänge
und Geschwindigkeit der Welle.

Ebenso wie zwei Schwingungen können auch zwei Wellen gleicher
Frequenz oder Wellenlänge eine Phasendifferenz gegeneinander besitzen. Ist diese 0°, fallen demnach Berge oder Täler der einen
Welle mit den Bergen und Tälern
der andern jeweils zusammen, so
ist ihr Gangunterschied 0 oder ein
ganzes Vielfaches der Wellenlänge.
Ist die Phasendifferenz 180°, fallen
demnach die Berge der einen auf
die Täler der anderen Welle, so ist
der Gangunterschied ein ungerades Vielfaches der halben Wellenlänge. Ist die Phasendifferenz 90°,
so bedeutet dies offenbar einen
Gangunterschied von einem ungeraden Vielfachen einer Viertelwellenlänge.

Kehren wir nun wieder zu
unserer tönenden Stimmgabel

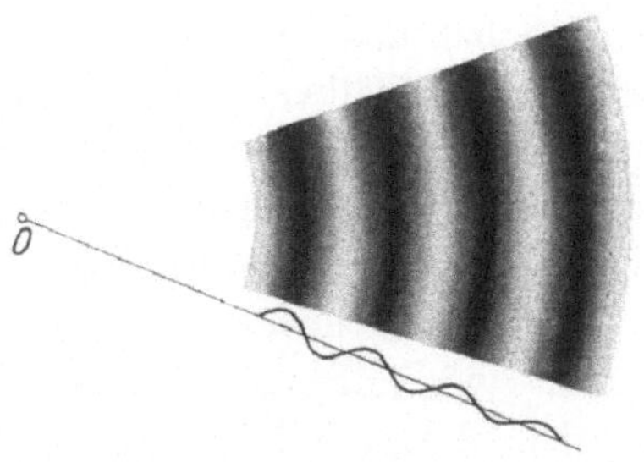

Abb. 7. Radialsymmetrischer Ausschnitt aus einer räumlichen
Kugelwelle in Luft (Schallwelle,
nach Pohl).

zurück. Abb. 7 zeigt schematisch die Verdichtungen und Verdünnungen in einer einfachen periodischen Schallwelle. Wenn solch
eine Störung das Trommelfell des Ohres trifft, hören wir einen reinen Ton. Das Trommelfell vollführt in der Sekunde so viele Schwingungen, als die Frequenz beträgt. Die Höhe des Tones ist durch
diese Schwingungszahl bestimmt und um so höher, je größer die
Frequenz ist. Der tiefste Ton, den unser Ohr noch sla Ton
empfindet, hat etwa 18 Schwingungen in der Sekunde, seine
Wellenlänge in Luft ist also nahezu $\dfrac{340}{18} = 19$ m. Bei noch

langsameren Schwingungen hört man die einzelnen Schläge. Der höchste Ton, den unser Ohr hören kann, liegt etwa bei 20 000 Schwingungen. Die Wellenlänge dieses Tones in Luft beträgt angenähert 1,7 cm. Höhere Töne bezeichnet man als Ultraschall.

Reine Töne sind selten, meist handelt es sich um Klänge oder sogar um Geräusche, auch ein Ton ist fast niemals „rein", sondern hat eine Klangfarbe und gehört dann eigentlich zu den Klängen. Eine Schwingung oder Welle braucht nämlich keineswegs immer die einfache Form zu haben, die wir bisher betrachtet haben. Es läßt sich aber zeigen, daß es immer möglich ist, wie verwickelt der Schwingungsvorgang auch sein mag, ihn durch eine Überlagerung von solchen einfachen, sinusförmigen Schwingungen oder Wellen verschiedener Frequenz, Amplitude und Phase darzustellen. Derartige nichtsinusförmige Schwingungen empfindet unser Ohr als Klang oder Geräusch.

Es ist wohl bekannt, daß wir uns vor der Einwirkung des Schalles nur schwer schützen können. Wir können meist nicht den „Schallschatten" aufsuchen, wenn es uns einmal zu lärmend wird. Die Schallwellen laufen nämlich um die Hindernisse herum, wie Wasserwellen um einen Felsen, ganz abgesehen von den mannigfachen Schallechos, die den Schall unserem Ohr immer wieder von einer anderen Seite zuleiten.

Wenn wir unsere Sinnesorgane etwas näher betrachten, können wir hoffen, auch etwas über den Vorgang zu erfahren, auf den sie ansprechen. Das Unterscheidungsvermögen des Ohres für verschiedene Klänge und Geräusche ist außerordentlich groß, und ein genaues Studium der Anatomie und Physiologie des Ohres läßt keinen Zweifel darüber, daß unser Ohr ein äußerst subtiler Resonanzempfänger und Analysator für Schwingungen ist, wenn auch der Vorgang des Hörens noch nicht in allen Einzelheiten geklärt ist. Die Vorstellungen, die sich H. von Helmholtz davon machte, haben auf Grund von Untersuchungen, die vom ungarischen Physiker G. von Bekesy ausgeführt worden sind, in neuerer Zeit modifiziert werden müssen.

c) Licht und Auge.

Vergessen wir für einen Augenblick, daß wir in der Schule gelernt haben, auch das Licht sei ein Wellenvorgang. Die alltäglichen Erfahrungen bieten keine Anhaltspunkte für eine solche Behauptung. Die Entfernung der Luft mit der besten Luftpumpe aus einem geschlossenen Glasrohr hindert das Licht nicht, hindurchzugehen, und es eilt zu uns von den fernsten Sonnen durch unermeßliche Räume, die keine Materie enthalten. Was könnte als Träger der Wellen dienen, wo nichts Stoffliches vorhanden ist? Mit den Hilfsmitteln des täglichen Lebens können wir auch darüber nichts erfahren, ob das Licht eine endliche Zeit braucht, um von einer entfernten Lichtquelle in unser Auge zu gelangen. Jedenfalls kennen wir keine Wirkung, die sich schneller ausbreitet, so daß wir durch Vergleich mit dieser die endliche Ausbreitungsgeschwindigkeit des Lichtes vielleicht bemerken könnten.

Fangen wir das Licht der Sonne auf einer weißen Wand auf und bringen einen lichtundurchlässigen Körper in den Weg, so sehen wir einen überaus scharfen Schatten. Die saubere Schärfe der Umrisse und die klare Einfachheit der Zeichnung bietet entschiedene künstlerische Reize. Wo bleiben die Wellen, die um die Gegenstände herumlaufen wie die Wasserwellen um einen Felsen?

Wie Töne verschiedener Höhe, verschiedene Klänge und Geräusche kennen wir auch Licht verschiedener Farbe. Unser Auge scheint aber gar nicht geeignet zu sein, jene feine Analyse der Farben vorzunehmen, die das Ohr bei den Klängen so willig leistet. Wohl haben wir ein gutes Unterscheidungsvermögen für Farbtöne, aber die Erfahrung lehrt, daß wir trotzdem zwei Farben oder farbige Lichter oft als gleich oder nahezu gleich beurteilen, obwohl sie sich anderen Untersuchungsmitteln gegenüber als durchaus verschieden erweisen. Und nun sehen wir in das Empfangsorgan des Lichtes, das Auge selbst hinein; was finden wir?

Das Auge gleicht einem photographischen Apparat. Die Kristallinse des Auges erzeugt auf der Netzhaut ein umgekehrtes, verkleinertes Bild der Gegenstände. Die Netzhaut gleicht der lichtempfindlichen Schicht der Platte. Sie steht mit dem Sehnerv in direkter Verbindung. Auf der Netzhaut bewirkt das Licht chemische Veränderungen, die uns den Eindruck von Licht und Farbe vermitteln. Die Veränderungen werden dann wieder rückgängig gemacht. Aber das geschieht nicht plötzlich, wie wir aus den Nachbildern erkennen können, die mit geschlossenem Auge nach einem starken Lichtreiz noch längere Zeit wahrnehmbar sind. Diese Andeutungen müssen vorläufig genügen. Das Wesentliche ist, daß wir, anders als im Ohr, im Auge nichts finden, was uns an irgendwelche Resonatoren für Schwingungen oder Wellen verschiedener Schwingungszahl erinnert, und im Vertrauen auf die Weisheit der Natur ist deshalb der Schluß naheliegend, daß das Licht im Gegensatz zum Schall *kein* Wellenvorgang sein kann.

Trotzdem werden wir in diesem Buch fast ausschließlich von *Lichtwellen* sprechen, und die physikalischen Beweise für die Wellennatur des Lichtes werden sich als überzeugend erweisen. Wir werden jedoch auch gelegentlich auf Grenzen stoßen, an denen das Bild der Welle für das Licht versagt. Es ist ein Irrtum zu glauben, die Physik suche das wahre, hinter der Sinneswelt verborgene Wesen der Welt zu ergründen. Es ist vielmehr die Aufgabe der Physik, die Welt wie sie sich unseren Sinnen und unserem Verstand darbietet, in ihrem Verhalten so getreu als möglich nicht nur qualitativ sondern vor allem quantitativ, zu beschreiben. Daß es nicht möglich sein wird, ein „Urphänomen", wie es das Licht ist, vollständig durch ein Bild wiederzugeben, das selbst unserer Sinneswelt entnommen ist, kann eigentlich nicht verwundern. Es ist eine der größten Entdeckungen unseres Jahrhunderts, daß zwei einander ergänzende Bilder dies besser leisten, nämlich das Bild der Welle und das Bild der Lichtkorpuskel. Am Schluß dieses Buches kommen wir darauf kurz zurück.

II. Die Lichtstrahlen, eine nützliche Fiktion.

a) Über Spiegelung, Brechung und Totalreflexion.

Es gibt Begriffe in der Physik, die nicht einmal den Anspruch erheben, eine Erscheinung so vollständig als möglich darzustellen, sondern nur als bequeme Hilfsmittel angesehen werden müssen, um die in Frage stehende Naturerscheinung in einigen wesentlichen Punkten besonders zweckmäßig zu beschreiben. Solche Begriffe können wir *Fiktionen* nennen. Der Begriff der

„Lichtstrahlen", die von einzelnen Punkten eines leuchtenden
Körpers geradlinig ausgehen, ist eine solche Fiktion.

Wenn das Sonnenlicht durch ein Loch in den Wolken strahlt,
oder wenn ein Scheinwerfer über den nächtlichen Himmel
leuchtet, können wir das wahrnehmen, was zu der Bildung jener
Abstraktion geführt hat. Die Geradlinigkeit dieser „Strahlen"
macht die Bildung scharfer Schatten ohne weiteres begreiflich.
Über das physikalische Wesen des Lichtes sagt der Begriff
freilich nichts aus[1]. Niemand von uns hat
einen einzelnen Lichtstrahl wahrgenommen,
wie er zeichnerisch oder rechnerisch in der
geometrischen Optik verwendet wird. Wir
kennen nur mehr oder weniger breite
„Lichtbündel" und können uns solche auch
mit Hilfe von Linsen und runden Öffnungen in Schirmen leicht herstellen. Von der
Seite kann man ein Lichtbündel ohne weiteres nur wahrnehmen, wenn die Luft, durch

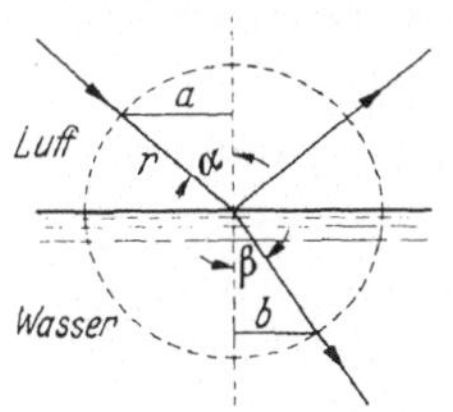

Abb. 8. Zur Licht-
reflexion und
Brechung.

die es hindurchgeht, etwas dunstig oder staubig ist. Doch tut
das zunächst nichts zur Sache.

Mit solchen Lichtbündeln lassen sich leicht Versuche machen,
die den meisten wohl bekannt sind, und an die wir nur kurz
erinnern wollen. Abb. 8 zeigt die Spiegelung und Brechung der
Lichtstrahlen an der Grenze von Luft und etwa einer Wasseroberfläche. Ein Teil des einfallenden Lichtbündels wird unter
dem gleichen Winkel gegen das Lot, unter dem er einfiel, zurückgeworfen, ein anderer Teil dringt in das Wasser ein und wird
dabei zum Lot geknickt. Schlägt man einen Kreis mit beliebigem
Radius um den Auftreffpunkt des Lichtes auf die Grenzfläche,
so ergibt immer das Verhältnis der Strecke a zur Strecke b einen
bestimmten, vom Einfallswinkel unabhängigen Zahlenwert für
eine bestimmte Kombination zweier durchsichtiger Körper.

Das Verhältnis a/r bzw. b/r nennt man bekanntlich den Sinus der
Winkel α und β, und schreibt das schon von W. Snellius (1620)

---

[1] Natürlich hat man zeitweise die Lichtstrahlen auch mit bestimmten
Vorstellungen über das Wesen des Lichtes verknüpft. Man hat einen
„Lichtstrahl" z. B. als die Bahn eines „Lichtteilchens" gedeutet. Was
der Begriff in der Wellenoptik für einen Sinn hat, werden wir noch
sehen.

gefundene Gesetz der Lichtbrechung:

$$\frac{\sin \alpha}{\sin \beta} = \text{constant} = n.$$

Diese Konstante n heißt der relative Brechungsexponent. Wenn das Licht aus Luft z. B. in Wasser oder Glas eintritt, so ist stets n größer als 1. Der Lichtstrahl wird zum Lot geknickt. Ist der erste Stoff, wie in unserem Beispiel, Luft, oder wenn man ganz genau sein will, Vakuum, so nennt man die sich ergebende Zahl auch den *absoluten Brechungsexponenten*. Der absolute Brechungsexponent des Wassers ist 1,33 oder der des Glases je nach der Glassorte 1,5 bis etwa 1,8. Der Brechungsexponent der Gase bei Atmospärendruck ist nur wenig größer als 1.

Es gilt nun, wie die Erfahrung zeigt, in der Optik das Gesetz der Umkehrbarkeit der Lichtwege; d. h., wenn wir das Licht-

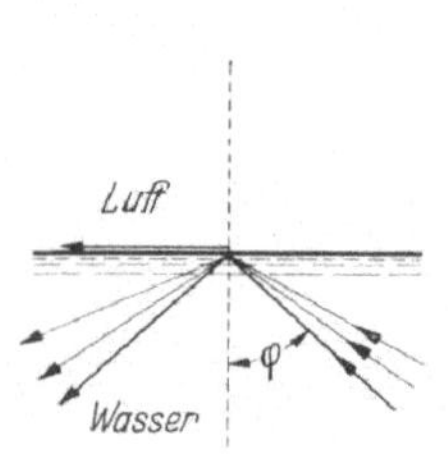

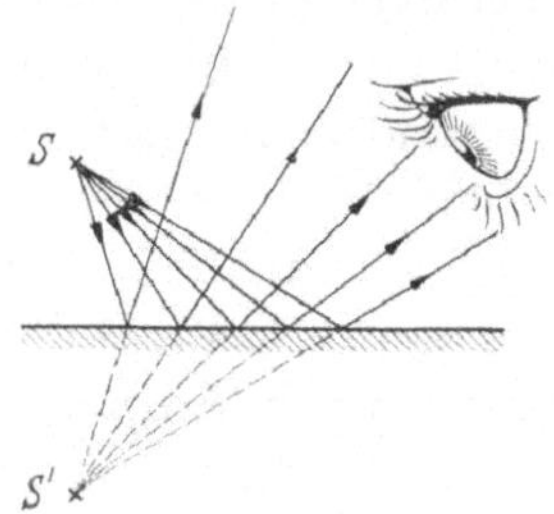

Abb. 9. Zum Grenzwinkel der totalen Reflexion.

Abb. 10. Spiegelbild im ebenen Spiegel.

bündel statt aus der Luft in das Wasser, aus dem Wasser in die Luft gehen lassen, verläuft das Lichtbündel genau in der gleichen Weise, nur in der umgekehrten Richtung. Das Lichtbündel wird also beim Austritt in die Luft vom Lote abgeknickt. Wir können jetzt offenbar das Licht aus dem Wasser unter einem so großen Winkel φ (Abb. 9) gegen das Lot an die Wasseroberfläche richten, daß es streifend in die Luft austritt. Den Winkel, bei dem dies erfolgt, nennt man den *Grenzwinkel der totalen Reflexion*. Macht man nämlich den Einfallswinkel noch größer, so kann gar kein Licht mehr austreten, alles wird ins Wasser zurückgeworfen wie an einem vollständigen Spiegel.

In der Natur bemerken wir, außer in besonderen Ausnahmefällen, von begrenzten Lichtbündeln oder Strahlen nichts. Wir können uns aber formal eine Menge von Beobachtungen deuten, wenn wir uns vorstellen, von jedem leuchtenden Punkt einer Lichtquelle oder von jedem erleuchteten Punkt eines Körpers gingen geradlinig Lichtstrahlen nach allen Seiten aus. Abb. 10 zeigt, wie man sich die Spiegelbilder in einem ebenen Spiegel deuten kann.

Wir sind an die geradlinige Ausbreitung des Lichtes von Kindheit an so gewöhnt, daß wir den Ort eines Gegenstandes immer in der Richtung vermuten, aus der das Licht in das Auge gelangt. Es ist unmöglich, sich von dieser Täuschung frei zu machen. So reden wir auch heute von unserem „Spiegelbild", obwohl in einem ebenen Spiegel gar kein Bild da ist, sondern wir uns selbst auf dem Umweg über die spiegelnde Fläche sehen. Luther übersetzte sogar, übrigens getreu dem griechischen Text: „Wir sehen jetzt *durch* einen Spiegel in einem dunklen Wort, dann aber von Angesicht zu Angesicht." (1. Kor. 13,12).

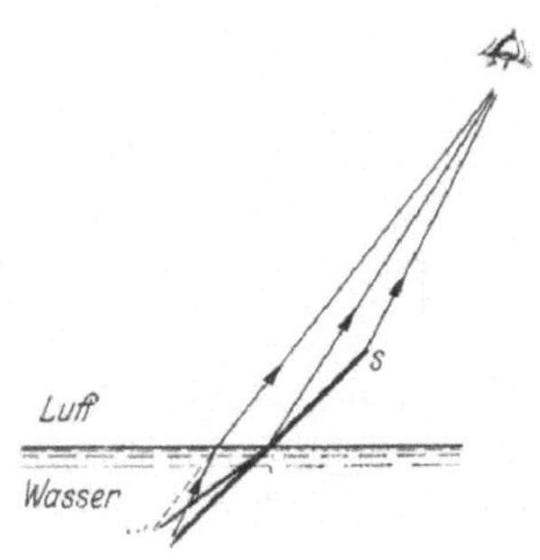

Abb. 11. Durch Lichtbrechung scheinbar geknickter Stab.

Eine ähnliche Täuschung und ihre Aufklärung, die auf der Lichtbrechung beruht, zeigt Abb. 11, eine weniger bekannte

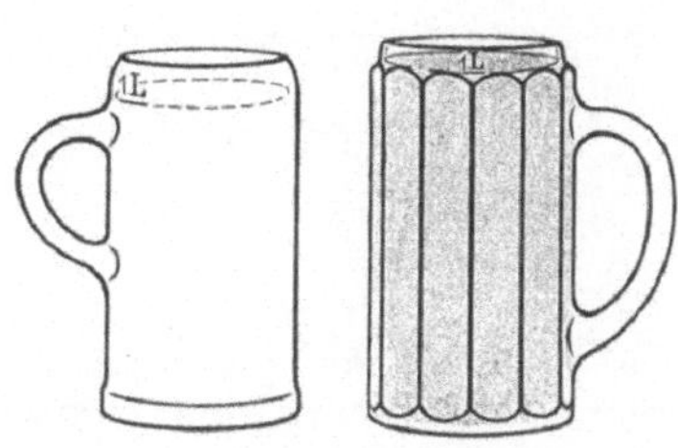

Abb. 12. Eine Täuschung durch Lichtbrechung.

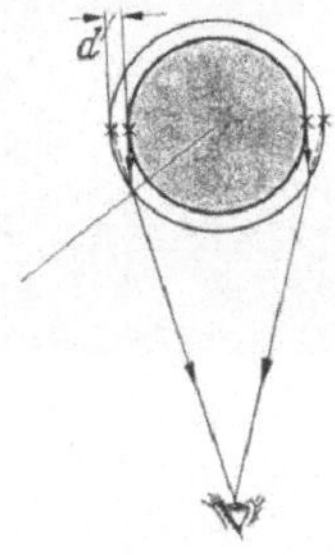

Abb. 13. Die Erklärung der Täuschung.

Abb. 12. Der mit Bier gefüllte Maßkrug aus Glas scheint viel mehr Bier zu fassen als der steinerne Krug. Die Wände des gläsernen Maßkruges sind nämlich viel dicker, als sie infolge der Brechung des Lichtes erscheinen. Wie das mit den Lichtstrahlen zu erklären ist, zeigt Abb. 13.

Die Totalreflexion des Lichtes kann man ebenfalls durch einfache Versuche zeigen. Ein rechtwinkliges Glasprisma (Abb. 14) berührt mit der Hälfte seiner Hypotenusenfläche eine reine Quecksilberoberfläche.

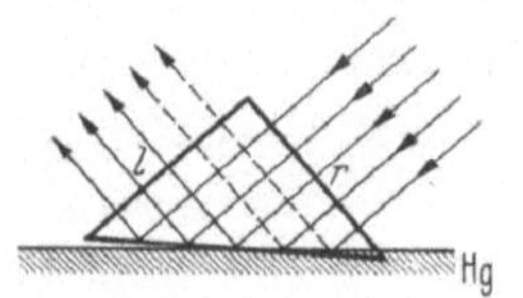

Das auf die Fläche r einfallende Licht wird zum Teil am Quecksilber gespiegelt. Dort, wo die Hypotenusenfläche an die Luft grenzt, findet aber Totalreflexion statt. Blickt man die ganze Fläche l an, so erscheint sie metallisch glänzend. Die Totalreflexion ist aber wesentlich vollkommener als die Reflexion am Quecksilber. Abb. 15 zeigt eine Photographie der Erscheinung. Totalreflektierende Prismen werden als sehr vollkommene Spiegel in der Optik vielfach verwendet.

Abb. 14. Versuch zur Totalreflexion.

Was ein Auge zu sehen bekommt, das unter Wasser senkrecht nach der Wasseroberfläche zu blickt, kann man sich an Hand der Abb. 16 klarmachen. Das Licht von außen soll etwa vom Himmel in allen Richtungen ein-

Abb. 15. Die Totalreflexion ist vollständiger als die Reflexion am Quecksilber. Beachte die horizontale Grenzlinie zwischen weiß und grau.

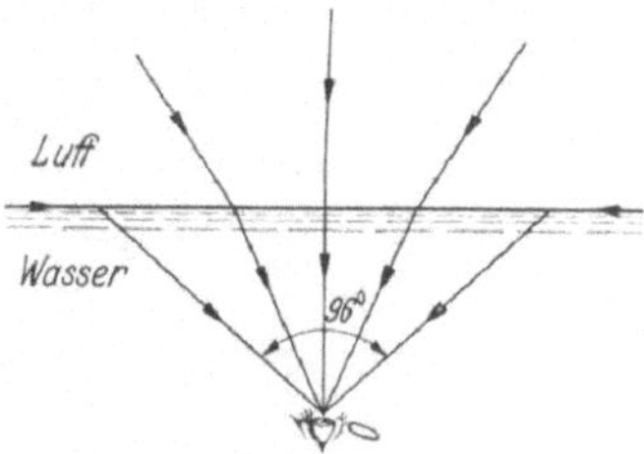

Abb. 16.
Was das Auge des Fisches bei O unter Wasser sieht, wenn es nach oben blickt.

fallen. Ein der Wasseroberfläche paralleler Strahl wird dann so gebrochen, daß er einen Winkel von nahezu 48° mit der Senkrechten bildet. Das ganze Licht, das in ein Auge bei O unter Wasser gelangt, liegt innerhalb eines Kegels von 96°. Das Auge hat deshalb den Eindruck, als blicke es durch ein rundes Loch in einem undurchsichtigen Deckel, und in diesem

Loch ist alles zusammengedrängt, was man in einem Winkelraum von 180° an der Wasseroberfläche zu sehen bekäme. Das menschliche Auge ist nicht so eingerichtet, daß es unter Wasser deutlich sehen kann, wohl aber das der Fische. Man kann aber mit einer mit Wasser gefüllten Lochkamera[1] eine Photographie herstellen, die den Anblick wiedergibt, den ein senkrecht nach oben blickender Fisch in einem Teich haben müßte, an dessen Ufer Menschen stehen. Man sieht das „Loch im Deckel", und die Menschen am Ufer des Teiches erscheinen alle reichlich verzerrt in diesem runden Loch (Abb. 17).

Abb. 17. Wie für den Fisch die Welt draußen aussieht. (Menschen um einen Teich; nach Wood).

„Lichtstrahlen" können durch die Brechung auch eine stetige Krümmung erfahren, wenn sie ein Mittel durchlaufen, das von Ort zu Ort das Licht verschieden stark bricht, etwa infolge einer stetig veränderlichen Dichte. Dies ist die Veranlassung zu aller Art von Luftspiegelungen.

Die Fata Morgana entsteht dann, wenn die Luft über dem Erdboden heißer und deshalb weniger dicht ist als in höheren Schichten, die sogenannte Kimmung, wenn die Luft z. B. über dem Meere kälter

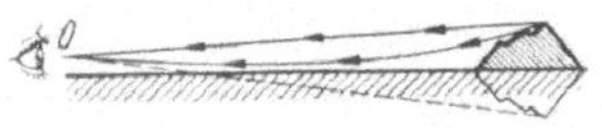

Abb. 18. Zur Erklärung der Fata Morgana. Das Auge sieht den Berg direkt und wegen der Strahlkrümmung scheinbar gespiegelt.

und daher dichter ist als die darüberliegende Luft. Dichtere Luft bricht das Licht stärker als dünnere. Abb. 18 zeigt die Erklärung der Fata Morgana.

Auch die normale Abnahme der Dichte der Luft mit der Höhe hat eine Krümmung der Lichtstrahlen zur Folge. Diese

[1] Siehe unter IVa

„astronomische Refraktion" bedingt, daß alle Sterne, außer die gerade im Zenith über unserem Kopf stehenden, höher über dem Horizont erscheinen, als sie in Wirklichkeit stehen. Für die Sterne am Horizont ist die Erhebung am größten, sie beträgt 36 Bogenminuten. Ein horizontal an der Erdoberfläche verlaufender Lichtstrahl ist demnach schwach nach unten konkav gekrümmt. Der Radius der Krümmung ist etwa siebenmal so groß wie der Erdradius. Ähnlich wie in dem scherzhaften Versuch mit den zwei Bierkrügen kann eine Atmosphäre, die einen Planeten umgibt, bedingen, daß seine Scheibe uns größer erscheint, als wenn keine Atmosphäre vorhanden wäre. Da man die Atmosphäre des Mars z. B. natürlich nicht plötzlich fortzaubern kann, könnte es indessen scheinen, als wäre solch ein Einfluß gar nicht nachweisbar. Wir werden später sehen, wie das dennoch möglich ist. Alles dies sind Beispiele, welche vielleicht verständlich machen, inwiefern man mit Hilfe der Lichtstrahlen in der Optik mancherlei zusammenhängend beschreiben kann.

Die praktisch wichtigste Anwendung findet die Strahlenoptik auf dem Gebiet der optischen Instrumente, bei den Fernrohren, Mikroskopen, photographischen Linsen. Alle diese Vorrichtungen bezwecken bekanntlich zunächst einmal eine möglichst gute Abbildung eines Gegenstandes durch das von ihm ausgehende Licht. Dies würde erreicht, wenn die von einem jeden Punkt ausgehenden Strahlen infolge der Brechung durch die Linse wieder genau in einem Punkt zusammenträfen. Daß dies annähernd mit kugelig geschliffenen Linsen aus Glas durch den Vorgang der Brechung erreicht werden kann, ist bekannt. Die Erfahrung lehrt aber, daß mit gewöhnlichen Linsen die Abbildung sogar eines einzelnen leuchtenden Punktes auf der Achse[1] eine höchst unvollkommene ist. Die Ursachen solcher Mängel aufzusuchen und sie zu beheben, ist eine wichtige Aufgabe der geometrischen Optik.

In Abb. 19 ist als Beispiel schematisch der Strahlengang mit einer kugeligen Linse gezeichnet für den Fall, daß ein leuchtender Punkt auf der Achse praktisch unendlich weit von der Linse entfernt ist. Man denke etwa an die Abbildung eines Sterns.

[1] Als Achse bezeichnet man die senkrecht durch die Mitte der Linse hindurchgehende Gerade.

Die einfallenden Strahlen sind dann parallel. Die Linse vereinigt die Strahlen nicht genau in einem Punkte, sondern die durch die äußeren Teile der Linse gebrochenen Strahlen vereinigen sich näher an der Linse als die durch die Mitte gebrochenen. Diese „sphärische Aberration" verhindert also eine scharfe Abbildung des Sterns. Nur wenn ein genügend kleiner, mittlerer Teil einer einfachen Linse für die Abbildung benutzt wird, kann man eine hinlänglich scharfe Abbildung in einem Punkt, dem Brennpunkt, dessen Abstand

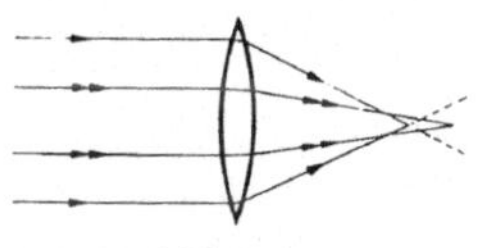

Abb. 19.
Sphärische Aberration.

von der Linse als Brennweite bezeichnet wird, erzielen[1]. Die Bezeichnung sphärische Aberration ist nicht glücklich gewählt, weil sie zu der falschen Meinung Anlaß geben kann, als seien die Linsen wegen ihres kugeligen Schliffes mangelhaft.

Außer diesem Mangel zeigt das etwa auf einem weißen Papierschirm aufgefangene Bild des Sterns auch Farben. Das Bild ist bläulich mit einem rötlichen Hof oder rötlich mit einem bläulichen Hof, je nach dem Abstand des Schirmes von der Linse. Auf die Ursache dieser „chromatischen Aberration" kommen wir noch kurz zurück. Noch unvollkommener wird die Abbildung von Punkten, die nicht auf der Achse liegen. Die rechnende Linsenoptik lehrt, wie man durch geeignete Zusammensetzung von konvexen und konkaven kugeligen Linsen, die verschiedene optische Eigenschaften haben und verschiedene Krümmungsradien besitzen, zu sog. Objektiven diese Mängel der Abbildung so weitgehend beseitigen kann, wie es nur wünschenswert ist. Das vom Objektiv entworfene umgekehrte Bild wird beim Fernrohr und Mikroskop mit einer besonderen Lupe, dem Okular, betrachtet. Die Abbildung durch das Objektiv muß so gut sein, daß eine beträchtliche Vergrößerung durch das Okular von Nutzen ist. Bei Fernrohren wird als Objektiv häufig ein parabolisch geschliffener Hohlspiegel aus Glas, versehen mit einem Silber- oder Aluminiumbelag, verwendet. Man hat dann nur eine einzige Fläche so vollkommen wie möglich herzustellen.

[1] Die Ebene, senkrecht zur Achse im Abstand der Brennweite von der Linse, heißt Brennebene.

Für das Fernrohr und das Mikroskop genügt es, wenn die Abbildung auf der Achse und in ihrer nächsten Umgebung hinlänglich gut ist. Denn die Fernrohrlinse entwirft ein Bild ferner Gegenstände, das nur eine kleine Ausdehnung hat und deshalb überall nahe der Achse ist. Beim Mikroskop ist der betrachtete Gegenstand sehr klein und alle seine Punkte sind nahe der Achse.

Besonders große Anforderungen werden an die photographischen Objektive gestellt, weil hier große Winkelräume und ferne sowie nahe Gegenstände gleichzeitig auf einer ebenen Fläche genügend scharf abgebildet werden sollen. Außerdem werden sehr helle Bilder gewünscht, damit kurzzeitige Aufnahmen möglich sind. Alle diese Wünsche können nicht gleichzeitig erfüllt werden. Jeder Liebhaberphotograph weiß indessen, wie Vorzügliches neuzeitliche Objektive leisten. Welche Arbeit es bedeutet, solche Objektive zu berechnen und herzustellen, kann er allerdings kaum ahnen. Die Anforderung an die Schärfe der Abbildung ist glücklicherweise lange nicht so groß wie beim Fernrohr und Mikroskop. Die meisten Aufnahmen sollen Bilder liefern, die man nur mit freiem Auge betrachtet. Das Auge bemerkt dann eine Unschärfe von einigen Zehnteln eines Millimeters überhaupt nicht.

Man erkennt wohl aus den wenigen Andeutungen, die wir hier machen konnten, daß die geometrische Optik weit mehr eine Angelegenheit der *angewandten* Mathematik und Physik als der reinen Physik ist. Die praktischen Erfolge sind für die ganze Naturwissenschaft von größtem Wert; denn fast unsere ganzen Kenntnisse von den fernen Welten im großen und von dem unsichtbaren Leben im kleinen verdanken wir dem Fernrohr und dem Mikroskop, und die Photographie ist heute ein unentbehrliches Hilfsmittel auf allen Gebieten der Naturwissenschaft und der Technik.

Da es sehr schwierig und kostspielig ist, gute Objektive für optische Werkzeuge zu berechnen und herzustellen, wird man in der Mühe, die man darauf verwendet, nicht weitergehen, als unbedingt erforderlich. Hier zeigt sich nun, daß eine tiefere Einsicht in das Wesen des Lichtes notwendig ist, um zu erkennen, daß auch bei Objektiven, bei denen die letzten Reste unvoll-

kommener Strahlenvereinigung vermieden sind, dennoch gewisse
Unvollkommenheiten der Abbildung übrigbleiben, die in der
Natur des Lichtes selbst ihre Ursache haben. Es hätte keinen
Zweck, die Vollkommenheit der Linsenkombinationen weiter zu
steigern, wenn die Unvollkommenheiten bis auf dieses Maß
herabgedrückt sind.

Merkwürdigerweise ist die Augenlinse keineswegs so gut
korrigiert wie ein photographisches Objektiv. Helmholtz soll
einmal scherzweise geäußert haben, er würde einem Optiker
ein so schlechtes optisches Instrument wie das Auge wieder
zurückgeben. Die sphärische Aberration der Augenlinse z. B.
bedingt, daß ein ausdehnungsloser leuchtender Punkt auf der
Netzhaut als ein Kreisscheibchen von 0,1 mm Durchmesser
abgebildet wird. Man sollte also zwei leuchtende Punkte gerade
noch getrennt sehen, wenn ihre Netzhautbilder 0,1 mm voneinander entfernt sind, weil sich dann die beiden Bildkreise
bereits berühren. Zwei leuchtende Punkte, die 10 cm voneinander
entfernt sind und deren Abstand vom Auge 15 m beträgt, würden
gerade noch getrennt erscheinen. In Wirklichkeit ist die Seh-
schärfe viel größer. Ein gutes Auge kann auf 15 m Abstand
leicht noch zwei leuchtende Punkte trennen, die 1 cm voneinander
abstehen. Dies hat seinen Grund darin, daß das Licht auf dem
Bildscheibchen der Netzhaut nicht gleichmäßig verteilt ist,
sondern in der Mitte so viel stärker ist als am Rand, daß nur in
einem kleinen mittleren Teil des Bildscheibchens die licht-
empfindliche Netzhaut für eine Wahrnehmung genügend stark
erregt wird. Der wahrgenommene Teil des Bildkreises ist also
viel kleiner als der ganze Bildkreis. Die Natur kann auf die gute
Korrektur der Linse verzichten, weil sie ihre Aufgabe auf diese
andere, geistvollere Weise löst.

b) Weshalb sieht man durchsichtige Dinge?

Wir wollen noch kurz die Frage streifen, warum man durchsichtige, farblose Dinge überhaupt sehen kann. Es ist die einfache
Brechung und Zurückwerfung des Lichtes, die uns den Gegenstand wahrnehmbar macht. Würden wir den Körper statt mit
Luft mit einer ebenso durchsichtigen Flüssigkeit umgeben, die

die gleiche Brechkraft besitzt wie der Körper selbst, so müßte
der Gegenstand verschwinden. Abb. 20 zeigt einen Glasstab,
der in einer klaren Flüssigkeit vom gleichen Brechungsexponenten eintaucht. Er ist unsichtbar, soweit er in die Flüssigkeit
eintaucht.

Man kann auf noch ganz andere Weise einen klar durchsichtigen Körper auch einfach in der Luft unsichtbar machen.
Der Gegenstand muß nur aus allen Richtungen genau gleichviel
Licht empfangen. Dann empfängt das Auge von der Stelle des
Gegenstandes genau soviel Licht, als wäre er gar nicht vorhanden. Man kann leicht einen einfachen und hübschen Versuch machen, um dies zu zeigen. Abb. 21 zeigt eine
trichterförmig gebogene, innen

Abb. 20.
Der Glasstab ist in der Flüssigkeit
unsichtbar.

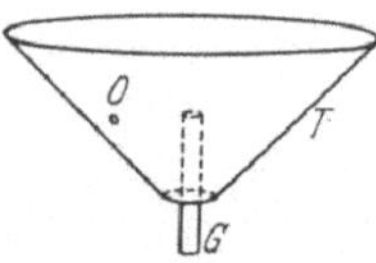

Abb. 21. Wie man durchsichtige
Dinge in freier Luft unsichtbar
macht.

mit einer matten, ganz weißen Farbe bestrichene Fläche mit
einer kleinen seitlichen Öffnung O, durch die das Auge von
außen hineinschauen kann. Genau in der Achse des Trichters
ist ein klarer fehlerfreier Glasstab aufgestellt, und in etwa 1 m
Abstand darüber, ebenfalls genau auf der Achse, hängt eine
mattierte Glühlampe, die den inneren Teil des Trichters gleichmäßig beleuchtet. Wenn man durch die kleine Öffnung blickt,
ist vom Glasstab nichts zu sehen. Das wirkt sehr überraschend
auch für den mit optischen Fragen Vertrauten. Diese Versuche
sind zwar lehrreich, haben jedoch keine praktische Bedeutung.
Wie man eine Glasoberfläche auf andere Weise unsichtbar
machen kann und welche technische Anwendung das ermöglicht,
werden wir später sehen (Siehe unter VI c).

III. Die Geschwindigkeit des Lichtes.

Daß das Licht Zeit braucht, um von der Lichtquelle ins Auge zu gelangen, ist schon im Jahre 1676 von dem dänischen Astronomen Olaf Römer gefunden worden. Er fand, daß das Licht in 1 sec rund 300000 km im leeren Raum zurücklegt. Daß diese Bestimmung zuerst bei einer astronomischen Beobachtung gelang, ist begreiflich. Jede absolute Geschwindigkeitsmessung beruht auf der Messung eines Weges und der Zeit, in der der Weg

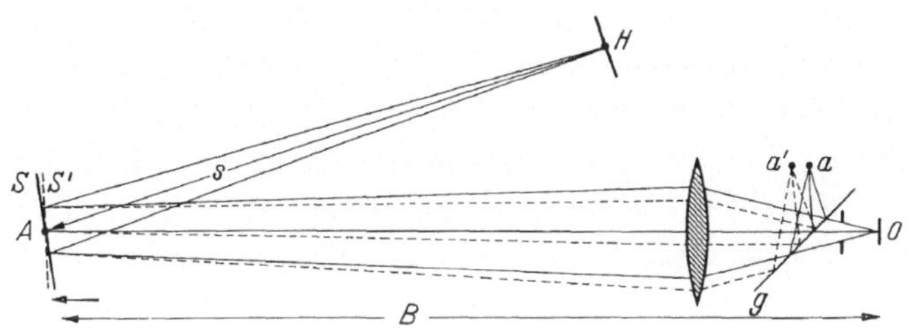

Abb. 22. Zur Messung der Lichtgeschwindigkeit.

zurückgelegt wird. Im Weltraum stehen uns so große Wege zur Verfügung, daß selbst bei der ungeheuer großen Geschwindigkeit des Lichtes die Zeiten verhältnismäßig groß und leicht meßbar sind. Erst im 19. Jahrhundert gelang die Messung der Lichtgeschwindigkeit auf der Erde. Viel ältere Versuche von Galilei mußten wegen der Unzulänglichkeit der Hilfsmittel erfolglos bleiben.

Abb. 22 zeigt die wesentlichen Teile des Apparates von L. Foucault (1850). Ein enger Spalt O wird mit Sonnenlicht beleuchtet. Der Spalt wird durch eine Linse über einen um die vertikale Achse A drehbaren Spiegel S auf dem Hohlspiegel H abgebildet, der sich im Abstand des Radius des Hohlspiegels, der einige Meter beträgt, von dem drehbaren Spiegel befindet. Von hier durchläuft das Licht wieder den gleichen Weg zurück, und wenn der Spiegel S ruht, entsteht durch die Linse nach Reflexion an der schrägen Glasplatte g ein Spaltbild in a. Weil sich die Achse des Drehspiegels im Krümmungsmittelpunkt des Hohlspiegels befindet, beeinflußt eine *langsame* Drehung des Spiegels die Lage des Bildes nicht. Wird aber der Drehspiegel in sehr *rasche* Umdrehung versetzt, so trifft das Licht auf dem Rückwege vom Hohlspiegel den Drehspiegel in einer etwas anderen Stellung S' als auf dem Hinweg und wird deshalb in einer etwas anderen gestrichelt angedeuteten Richtung reflektiert. Das Bild verlagert sich infolgedessen von a nach a'. Die Verschiebung des Bildes betrug bei Foucault 0,7 mm. Aus der Größe dieser Verschiebung, der Zahl der Umdrehungen des Drehspiegels in der Sekunde, dem Weg, den das Licht zwischen den Spiegeln hin und zurück durchläuft und dem Abstand B zwischen Spalt und Drehspiegel läßt sich leicht die Lichtgeschwindigkeit ermitteln.

Das grundsätzlich gleiche Verfahren ist in neuerer Zeit mit weit vollkommeneren Mitteln von A. Michelson benutzt worden. Das Licht hatte dabei eine große Entfernung von ungefähr 35 km zwischen dem Mt. Wilson und dem Mt. San Antonio in Kalifornien hin und zurück zu durchlaufen. Die Zeit, die das Licht für diese Reise brauchte, ergab sich zu 0,000236 sec.

Abb. 23. Rotierender Winkelspiegel.

Der rotierende Spiegel Michelsons bestand aus einem achtseitigen Glasprisma mit spiegelnden Flächen (Abb. 23), und seine Drehgeschwindigkeit wurde so geregelt, daß das rückkehrende Licht, nachdem es den Gesamtweg zwischen den beiden Bergen zweimal zurückgelegt hatte, eine Spiegelfläche gerade wieder in der gleichen Stellung vorfand wie auf dem Hinweg. Der Spiegel hatte also während der Laufzeit des Lichtes $1/8$ Umdrehung vollführt. Man erkennt dies natürlich daran, daß das Licht trotz der Spiegeldrehung dann genau den gleichen Weg durchläuft wie ohne Drehung und keine Verschiebung des Bildes a auftritt. Man braucht deshalb *nur* die Drehgeschwindigkeit des Spiegels und die Entfernung genau zu messen. Das Ergebnis war für die Lichtgeschwindigkeit im leeren Raum 299796 km/sec. Die Unsicherheit beträgt nur etwa 4 km/sec und ist wesentlich durch die Schwierigkeit einer genügend genauen Entfernungsmessung bedingt. Drei mit ganz anderen und unter sich verschiedenen Präzisionsmethoden ermittelte Werte der Lichtgeschwindigkeit haben neuerdings (1949 und 1950) in ausgezeichneter Übereinstimmung mit dem obigen Wert im Mittel $c = 299793$ km/sec bis auf 3 km genau ergeben. Die große Mühe, die man auf die genaue Ermittlung der Lichtgeschwindigkeit verwendet hat, hat ihren guten Grund. Es ist eine der wichtigsten Naturkonstanten der ganzen Physik. Uns ist keine physikalische Wirkung bekannt, die sich mit einer größeren Geschwindigkeit ausbreitet.

IV. Die Beugung des Lichtes.

a) Die Lochkamera.

Jedes photographische Objektiv hat eine veränderliche Blende. Der Photograph weiß, daß sie mancherlei Zwecken dient. Erstens kann man durch Vergrößerung oder durch Verkleinerung der Blendenöffnung die Belichtungszeit nach Wunsch verkürzen oder verlängern, zweitens kann man durch Verkleinerung der Öffnung die Tiefenschärfe vergrößern, so daß nahe und fernere Gegenstände gleichzeitig hinlänglich scharf abgebildet werden. Ist die Linse mangelhaft oder gar nicht korrigiert, so werden die Fehler der Abbildung um so weniger störend, je kleiner die Blende im Verhältnis zur Brennweite ist. Einfache photographische Apparate werden daher nur mit engen Blenden hergestellt, so daß lange Belichtungszeiten notwendig werden. Die photographische Industrie hat aber allmählich die Lichtempfindlichkeit der Platten und Filme so gesteigert, daß auch mit billigen Apparaten in vielen Fällen noch Momentaufnahmen zu erzielen sind. Aus dieser Bemerkung ersieht man folgendes: Je enger die Blende gewählt wird, um so unbedeutender wird die Rolle, die die Linse bei dem Zustandekommen des Bildes spielt, und es scheint endlich am vorteilhaftesten, wenn man die Lichtschwäche in Kauf nehmen will, die Öffnung so klein zu machen, daß man die Linse ganz fortlassen kann. Man kommt damit zur einfachen Lochkamera und kann sicher sein, nunmehr alle Linsenfehler zu vermeiden.

Wie nach der Strahlenoptik bei der Lochkamera ein Bild zustande kommt, zeigt Abb. 24. Solch eine Kamera besitzt eine große Tiefenschärfe und kann auch sehr große Winkelbereiche scharf abbilden. Man wird zunächst erwarten, daß es für die Schärfe des Bildes günstig sein sollte, das Loch so klein wie irgend möglich zu machen.

Der Versuch zeigt, daß man in der Tat mit einer Lochkamera gute Aufnahmen von künstlerischem Reiz erhalten kann. Dieser liegt aber merkwürdigerweise gerade in einer gewissen Unschärfe, die sich durch eine immer weitere Verengerung des Loches nicht etwa beseitigen läßt. Wenn die Öffnung zu groß ist, erhält man natürlich überhaupt kein vernünftiges Bild, macht man sie kleiner, so wird das Bild entsprechend der Erwartung schärfer. Bei einer weiteren Verkleinerung wird es aber wieder unschärfer und schließlich ganz unbrauchbar. Das scheint zunächst ganz unverständlich zu sein. Ist die Platte von der Öffnung 10 cm entfernt, so ist für die Aufnahme ferner Gegenstände das Ergebnis am besten, wenn der Durchmesser der

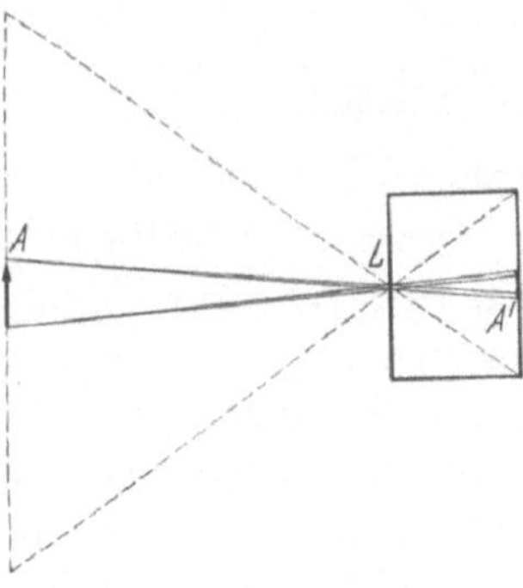

Abb. 24. Lochkamera.

Öffnung etwa $^4/_{10}$ mm beträgt. Je größer der Plattenabstand ist, um so größer muß auch das Loch sein. Für einen Abstand von 10 m müßte man das Loch schon 4 mm groß machen, um größte Schärfe zu erzielen.

Abb. 25 a, b, c zeigt drei Lochkameraaufnahmen des Fadens einer Kohlenfadenglühlampe. In der Aufnahme a hatte das

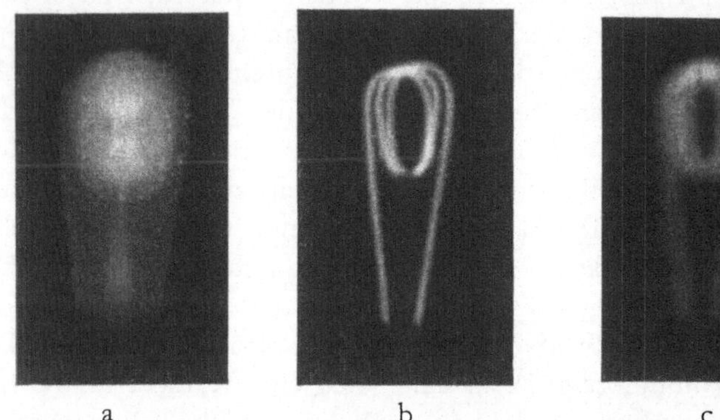

a   b   c

Abb. 25. 3 Lochkameraaufnahmen eines Glühfadens (vergrößert). Siehe Text.

Loch einen Durchmesser von 1,6 mm, in der Aufnahme b von 0,4 mm und in der Aufnahme c von 0,1 mm. Die Platte war stets 10 cm vom Loch entfernt. Die mittlere Aufnahme b ist am schärfsten ausgefallen, obwohl die Aufnahme c mit einer viel engeren Öffnung aufgenommen worden ist.

b) Die Auffindung der Beugung.

Die vor allem von Isaak Newton (1642—1727) vertretene Vorstellung, daß das Licht aus einem Hagel von Geschosen besteht, stützte sich hauptsächlich auf die geradlinige Ausbreitung des Lichtes. Aus den Ergebnissen unserer einfachen Versuche mit der Lochkamera kann man schon entnehmen, daß Abweichungen von der geradlinigen Ausbreitung des Lichtes bemerkbar werden, wenn man ein Loch, durch das das Licht hindurchgeht,

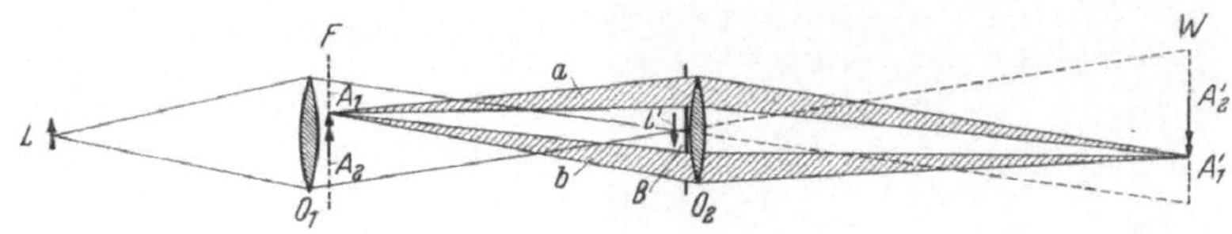

Abb. 26. Anordnung zur Sichtbarmachung der Abweichung des Lichtes vom geraden Weg.

zu eng macht, sonst könnte die Abbildung nicht durch die Verengerung des Loches unscharf werden. Wenn wir Ernst damit machen, einen wirklichen Lichtstrahl herzustellen, fängt er an, vor unseren Augen gewissermaßen zu zerfließen!

In sehr auffälliger Weise kann man die Abweichung des Lichtes vom geraden Weg an den Rändern der Körper durch folgenden Versuch zeigen (Abb. 26). Eine kleine helleuchtende Fläche L wird durch die Linse O_1 in L' abgebildet. Unmittelbar dahinter befindet sich eine zweite Linse O_2. O_2 bildet die bei der ersten Linse gelegene Fläche F auf der weißen Wand W ab, die demnach hell erleuchtet ist. Durch einen kleinen undurchsichtigen Schirm B fängt man das Licht an der engsten Stelle unmittelbar vor O_2 ab. Die Wand bekommt dann gar kein Licht mehr. Entfernt man diese Blende wieder und bringt nach F einen undurchsichtigen Körper $A_1 A_2$, so erhält man einen scharf begrenzten tiefschwarzen Schattenriß dieses Körpers auf der Wand. Soweit ist alles mit der geradlinigen Lichtausbreitung in Übereinstimmung. Versucht man nun aber wieder mit der Blende B alles Licht abzufangen, so gelingt das nicht. Man erhält überraschenderweise auf der völlig dunklen Wand eine leuchtend helle, sehr feine Umrißlinie des Körpers. Abb. 27 zeigt eine wundervolle Aufnahme dieser Art. Das Licht, das wir jetzt wahrnehmen und das sich vorher nicht bemerkbar machte, weil die Umgebung des schwarzen Schattens zu hell war, kann

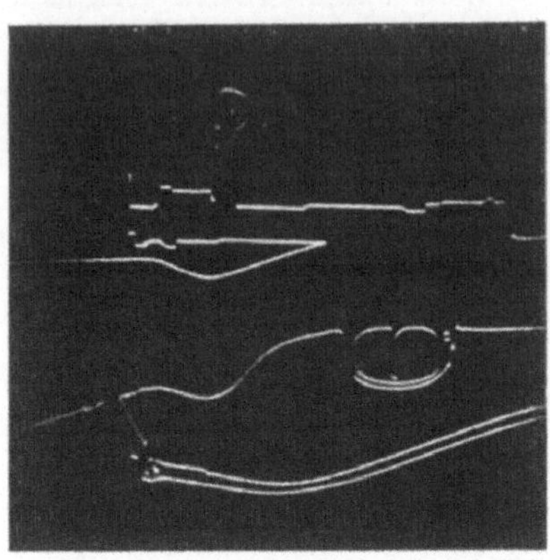

Abb. 27. Beugungssaum an den Umrissen eines Gewehrs. Das direkte Licht ist vollständig abgeblendet. (Nach H. Schardin.)

nicht auf dem versperrten Weg zur Wand gelangt sein. Es ist so, als wäre der ganze Rand selbstleuchtend. Wenn eine wirkliche Lichtquelle z. B. bei A_1 sich befände, so könnten wir ihr Licht durch den kleinen Schirm auch nicht von der Wand abblenden, weil die Linse genügend groß ist. Die beiden schraffierten Lichtbündel a und b zeigen, wie das am Rande abgelenkte Licht von A_1 nach A_1' gelangt.

Die gleiche Anordnung (Abb. 26) kann noch zu einem anderen sehr überraschenden Versuch verwendet werden, der hier beschrieben werden mag.

Wenn sich in einem durchsichtigen Stoff, z. B. in einer Glasplatte, Stellen befinden, an denen entweder der Brechungsexponent vom normalen Wert etwas abweicht oder an denen kleine Unebenheiten vorhanden sind, so führt das zu kleinen Winkelabweichungen des durchgehenden Lichtes. Bringt man an die Stelle $A_1\,A_2$ eine derartige Platte, so werden solche Stellen, die man als Schlieren bezeichnet, und die nicht ohne weiteres sichtbar sind, auf der Wand deutlich als helle Flecken erscheinen, weil das durch die Schliere abgelenkte Licht durch den freien Teil der Linse hindurchtreten kann. Nur die Anordnung der Blende ist bei diesem zuerst von A. Töpler schon 1864 angegebenen „Schlierenverfahren" gewöhnlich eine etwas andere und man richtet es so ein, daß das direkte Licht nicht vollständig fortgenommen wird. Andere Beispiele für Schlieren sind: Die

von warmen Körpern aufsteigende erwärmte Luft, die von einem
fliegenden Geschoß hervorgerufene Welle in der Luft, Schallwellen eines Knalles usw. Eine besonders schöne Aufnahme
zeigt Abb. 28. Auch das Bild der Knallwelle (Abb. 1) ist ein
Schlierenbild. In diesen Fällen kommt die Licht-
ablenkung also durch Brechung zustande.

Die zuerst beschrie-
bene Abweichung des
Lichtes vom geraden
Weg ist bei der genauen
Betrachtung der Schat-
tengrenze schon 1661
von dem Italiener P.
Grimaldi entdeckt und
unter dem Titel „Physico
mathesis de lumine, co-
loribus et iride" 1665
veröffentlicht worden.
Die Abweichung von der
geradlinigen Ausbreitung
nennt Grimaldi: „dif-
fractio" (Beugung), und
die Propositio I seiner

Abb. 28. Kerzenflamme und fliegendes
Geschoß. Toeplersche Schlieren-
methode (Nach H. Schardin.)

Untersuchung lautet: „Lumen propagatur vel diffunditur non
solum directe, refracte ac reflexe, sed etiam alio quodam
modo, diffracte." (Das Licht breitet sich nicht nur geradlinig,
gebrochen und gespiegelt aus sondern noch auf eine gewisse
andere Weise, gebeugt.) Eine Erklärung für das Zustandekommen der Beugung zu geben, versuchte Grimaldi nicht.

Es kommt in der Physik häufig vor, daß eine zunächst un-
scheinbare und unter ziemlich künstlichen Versuchsbedingungen
beobachtete Erscheinung schließlich zu grundlegenden Änderungen in der Anschauung über das Wesen eines Naturvorgangs
führt. Man kann mit Zuhilfenahme künstlicher Versuchsbedingungen natürlich sehr vielerlei verschiedene, oft merkwürdige
Beobachtungen machen. Es erfordert daher viel Erfahrung,

um zu entscheiden, ob die Beobachtung physikalisch sinnvoll ist und uns wirklich eine grundlegende neue Seite eines Naturvorganges enthüllt. Auch Physiker haben häufig genug „sinnlose" Versuche gemacht, die zu nichts geführt haben. Dem Laien ist es meist fast unmöglich, zwischen einem sinnvollen und einem sinnlosen Versuch zu unterscheiden.

Die Versuche von Grimaldi nun haben sich als ausgesprochen sinnvoll erwiesen. Er ließ Sonnenlicht durch eine sehr kleine runde Öffnung in ein verdunkeltes Zimmer eintreten und brachte einen schattenwerfenden Körper in den Weg. Der Schatten auf der Wand war breiter, als er bei einer geradlinigen Lichtausbreitung hätte sein dürfen, und an der Schattengrenze waren eigentümliche, dunkle und helle Linien zu sehen. Die letzteren zeigten überdies bei näherer Betrachtung farbige Ränder. Brachte

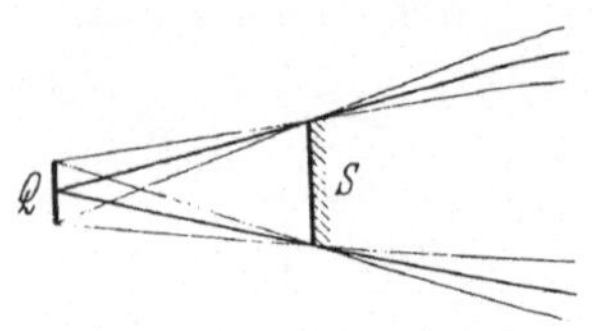

Abb. 29. Eine ausgedehnte Lichtquelle Q gibt einen Kern- und Halbschatten.

er statt des Körpers einen Schirm mit einer zweiten feinen kreisförmigen Öffnung in den Weg des Lichtes, so war auch der auf der Wand entstehende Lichtfleck größer, als er nach der Strahlenoptik sein sollte. Auch hier zeigten sich farbig begrenzte dunkle und helle Ringe innen und außen. Die Beugungserscheinungen werden um so auffälliger, je günstiger nach der gewöhnlichen Vorstellung der geraden Lichtstrahlen die Versuchsbedingungen für eine scharfe Schattengrenze zu sein scheinen. Eine große, dem schattenwerfenden Gegenstand nahe Lichtquelle kann natürlich keine scharfen Schatten liefern (Abb. 29). Es entsteht ein Kernschatten und ein Halbschatten. Benutzt man, um dies zu vermeiden, eine sehr kleine Lichtquelle, so tritt die Beugung in auffälligster Weise in Erscheinung, wenn der schattenwerfende Gegenstand sowohl von der Lichtquelle wie vom Auffangschirm genügend weit entfernt ist. Photographien zweier Beugungserscheinungen zeigen die nebenstehenden Abbildungen (Abb. 30 u. 31). Es ist nicht schwer, solche Versuche mit einfachen Mitteln bei einiger Sorgfalt anzustellen. Statt das Licht mit einer photographischen Platte aufzufangen, kann man die Beugungserscheinung einfach mit dem Auge mit Zuhilfenahme einer Lupe in nicht zu kleinem Abstand vom schattenwerfenden Schirm beobachten. Der Schatten ähnelt der einfachen Gestalt des Körpers oder der Öffnung oft so wenig, daß man sie kaum daraus erschließen kann.

An den Beugungsbildern fällt zweierlei auf: erstens die Ausbreitung des Lichtes über den Rand der Schattengrenze, zweitens

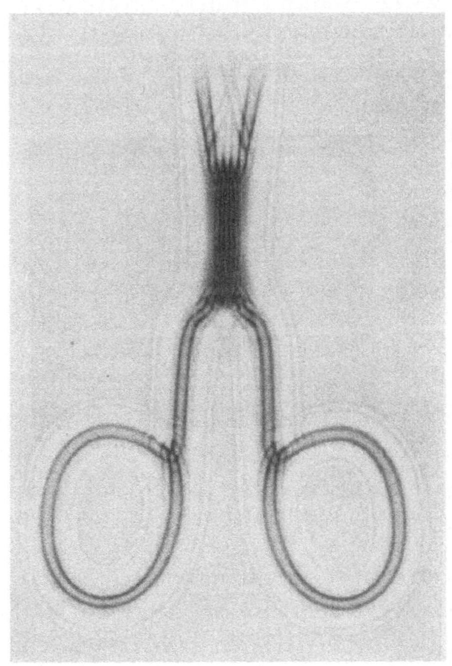

Abb. 30. Lichtbeugung an einer Schere.
(Nach Arkadiew.)

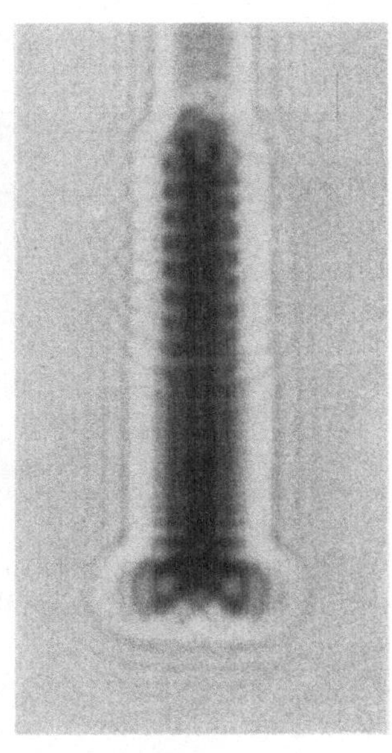

Abb. 31. Lichtbeugung an einer Holzschraube.
(Nach Arkadiew.)

die eigentümlichen Streifen oder Ringe, die in einfarbigem Licht (für unsere Zwecke genügt es zunächst, vor die Öffnung, die als Lichtquelle dient, ein farbiges Glas zu halten) abwechselnd hell und dunkel, bei Tageslicht oder Lampenlicht farbig sind. Man kann sich ferner durch den Versuch überzeugen, daß die ganze Beugungsfigur in rotem Licht ausgedehnter ist als in blauem.

Die Ausbreitung über die Schattengrenze hinaus, der eigentliche Vorgang der Beugung, den wir zunächst näher betrachten wollen, ist nun ein für jeden Wellenvorgang kennzeichnendes Merkmal und bildet die Grundlage der Wellentheorie des Lichtes. Die Schwierigkeit besteht dann gerade darin, zu verstehen, weshalb die geradlinige Ausbreitung des Lichtes häufig so nahe der Wirklichkeit entspricht.

Man kann die Beugung bequem an Wasserwellen beobachten. Wenn die Welle auf Öffnungen oder Schirme trifft, die wesentlich größer sind als die Wellenlänge (Abb. 32), so ist jenseits in der

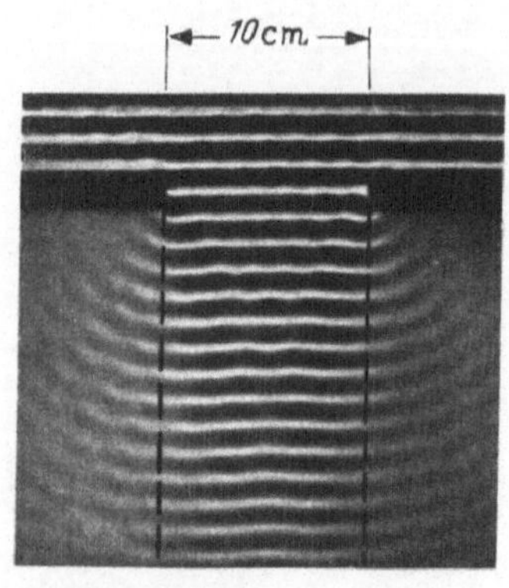

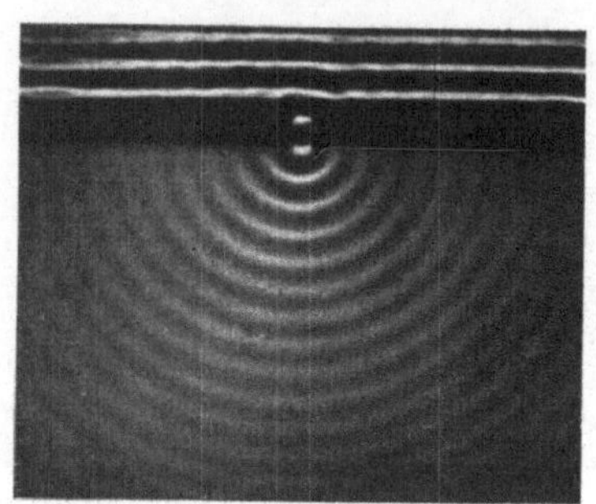

Abb. 32.
Wasserwellen, große Öffnung, geringe Beugung. (Nach Pohl.)

Abb. 33.
Wasserwellen, kleine Öffnung, starke Beugung. (Nach Pohl.)

Nähe der Öffnung eine ziemlich scharfe Schattengrenze zu sehen. Es wird einfach ein Stück aus der Welle herausgeschnitten, und nur am Rande ist ein geringes Übergreifen der Welle zu bemerken. Bei Öffnungen oder Schirmen, die ungefähr ebenso groß oder kleiner sind, wie die Wellenlänge Abb. 33, ist von einem Schatten überhaupt keine Rede mehr. Beim Durchgang der Welle durch das enge Loch verhält sie sich so, als wäre das Loch zum Ausgangspunkt einer neuen Kreiswelle geworden, die sich hinter der Öffnung ausbreitet.

Wir hatten schon bei der kurzen Beschreibung der Schallvorgänge erwähnt, daß man selten scharfe Schallschatten beobachtet. Die im Hörbereich liegenden Schallwellen sind so lang (Größenordnung 1 m), daß sie um nicht zu große Hindernisse herumgebeugt werden. Man erhält also einigermaßen scharfe Schallschatten und auch Reflexionen (Echos) nur an ziemlich großen Hindernissen. Die kurzen Ultraschallwellen sind dagegen für Schattenwirkung und Echos an kleinen Hindernissen günstig. Eine Frequenz von 50000 Schwingungen je Sekunde entspricht einer Wellenlänge von nur 6,8 mm in Luft. Fledermäuse senden während ihres Fluges Ultraschallimpulse von etwa dieser Frequenz aus. Da sie selbst diese für uns unhörbaren Frequenzen hören können, orientieren sie sich bei ihrem sehr raschen Flug in voller Dunkelheit an den Echos und vermeiden so jeden Zusammenstoß auch mit kleinen Hindernissen.

Daß man sehr kleine Öffnungen oder Schirme verwenden muß, um eine leicht beobachtbare Beugung des Lichtes zu erhalten, läßt sich also einfach durch die Kleinheit der Lichtwellenlänge erklären. In der Tat werden wir finden, daß diese kleiner ist als $^1/_{1000}$ mm. Die Öffnungen und Schirme im Wege des Lichtes sind also für gewöhnlich so groß, daß von der Beugung nur wenig zu merken ist. Da die Beugung bei rotem Licht ausgesprochener ist als bei blauem, können wir schließen, daß das rote Licht eine größere Wellenlänge und demnach eine kleinere Schwingungszahl besitzen muß als das blaue.

c) Huyghens' Elementarwellen.

Im Jahre 1690 gab Ch. Huyghens in seinem Traité de la lumière den ersten Entwurf einer materiell elastischen Wellentheorie des Lichtes. Diese Theorie fand indessen nur wenig Anhänger. Man kann das verstehen. Die Ausbreitung des Lichtes im leeren Raum stand wohl ihrer Annahme vor allem im Wege. Es gelang Huyghens auch nicht, überzeugend zu zeigen, wie die scheinbar geradlinige Ausbreitung des Lichtes hinter genügend großen Hindernissen aus dem Wesen des Wellenvorgangs zu verstehen ist. Erst A. Fresnel und in aller Strenge G. Kirchhoff haben dies richtig erklärt. Nehmen wir diese geradlinige Ausbreitung, wie wir sie ja auch an Wasserwellen (Abb. 32) sehen können, zunächst einfach als Tatsache an, so können wir uns fragen, was dann eigentlich die Lichtstrahlen in einer Wellentheorie für eine Bedeutung haben. Auf Abb. 32 sehen wir nichts von solchen Strahlen. Wir können uns aber Linien zeichnen, die überall mit der Fortpflanzungsrichtung der Welle zusammenfallen. Diese Linien wären es dann, die wir als Strahlen bezeichnen. Ihr fiktiver Charakter wird nunmehr klar erkennbar. Wir wollen nebenbei bemerken, daß zwar meist, aber nicht immer die Lichtstrahlen senkrecht auf den Wellenflächen stehen.

Es wird nützlich sein, wenn wir uns nachträglich klarmachen, wie die Wellenvorstellung die Lichtzurückwerfung und Lichtbrechung erklärt.

In Abb. 33 sehen wir, daß ein Punkt des Mediums, in dem sich eine Welle fortpflanzt, selbst zum Ausgangspunkt einer Elementarwelle wird, wenn die Wellenbewegung ihn ergreift. Huyghens schloß, daß durch das Loch im Schirm diese Elementarwelle nur beobachtbar wird, daß sie aber auch vorhanden ist, wenn kein Schirm da ist, und daß das gleiche von allen Punkten, über die die Welle hinwegläuft, gilt. Er zeigte, daß man oft bequemer auf die Ausbreitung einer Welle zu einer späteren Zeit schließen kann, wenn man diese Ausbreitung nicht vom Ursprungspunkt aus verfolgt, sondern zusieht, wie die Elementarwellen von geeignet gewählten Stellen der Störung sich fortpflanzen.

Huyghens machte hierbei die einfache Annahme, daß eine merkliche Lichterregung nur auf der gemeinsamen Berührungsfläche der Elementarwellen vorhanden ist. Diese Annahme genügt schon, um die Reflexion und Brechung des Lichtes aus der Wellenvorstellung zu verstehen.

Wenn das parallele Lichtbündel a—b der Abb. 34, also in der Sprache der Wellentheorie ein begrenzter Ausschnitt einer ebenen Welle, schräg von links auf eine spiegelnde Fläche trifft, erreicht der rechte Rand im Punkte c den Spiegel früher als der linke. Die Streifung soll die Wellenberge darstellen. Die von c ausgehende Elementarwelle hat sich schon bis zu einem Radius, der gleich ist cf, ausgebreitet, wenn der linke Rand des Bündels den Spiegel gerade erreicht. In der Abb. 34 sind auch die Elementarwellen von einigen Punkten zwischen c und e eingetragen. Sie haben um so kleinere Radien, je näher der betreffende Punkt an e liegt, weil die einfallende Welle die Punkte zeitlich nacheinander erregt. ef ist die gemeinsame Berührungslinie der Elementarwellen und damit die reflektierte Wellenfront. Man sieht aus der Abbildung, daß Einfallswinkel und Reflexionswinkel einander gleich sind.

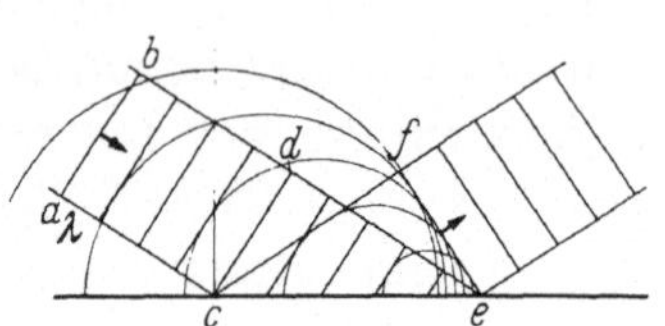

Abb. 34. Reflexion nach der Wellenvorstellung.

Das Zustandekommen der Lichtbrechung zeigt Abb. 35. $c\,e$ sei die ebene Grenze zwischen zwei Stoffen 1 und 2. Das Medium 1 möge etwa der leere Raum sein. In 1 soll die Lichtgeschwindigkeit größer sein als in 2. $a\,b$ ist wieder das Stück einer ebenen Welle. Während das Licht in 1 die Strecke $d\,e$ zurücklegt, legt es in 2 nur die Strecke $c\,f$ zurück. Die Abbildung zeigt die von mehreren Punkten der Grenzfläche ausgehenden Elementarwellen im 2. Medium. Ihre gemeinsame Berührungsgerade ist $f\,e$.

Das Lichtbündel ist zum Einfallslot geknickt. Man liest aus der Abbildung ab, daß

$$\frac{\sin \alpha}{\sin \beta} = \frac{d\,e}{c\,f} = \frac{c_1}{c_2} = n = \frac{\lambda_1}{\lambda_2},$$

wenn c_1 und c_2 die Geschwindigkeiten des Lichtes im Medium 1 bzw. 2 bedeuten. Dies ist aber das Brechungsgesetz, und man erkennt, daß der Brechungsexponent n nichts weiter ist als das Verhältnis der Lichtgeschwindig-

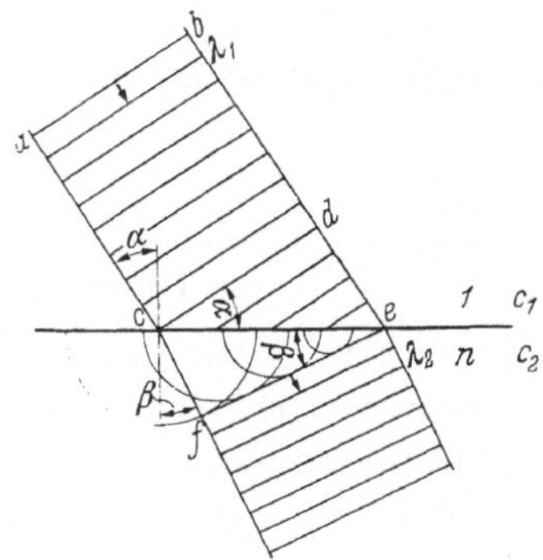

Abb. 35. Brechung nach der Wellenvorstellung.

keit im leeren Raum zu der in dem betrachteten Stoffe. Man ersieht auch, daß die Wellenlängen einer Welle von gegebener Frequenz in den beiden Mitteln sich verhalten wie die zugehörigen Lichtgeschwindigkeiten.

Der Brechungsexponent des Wassers ist 4/3. Die Lichtgeschwindigkeit im Wasser beträgt daher nach der Wellentheorie nur drei Viertel von der im leeren Raum. Die Korpuskulartheorie des Lichtes konnte die Lichtbrechung nur unter der entgegengesetzten Annahme erklären, daß die „Lichtteilchen" in dichteren Stoffen wie Glas oder Wasser schneller laufen als in Luft oder im leeren Raum.

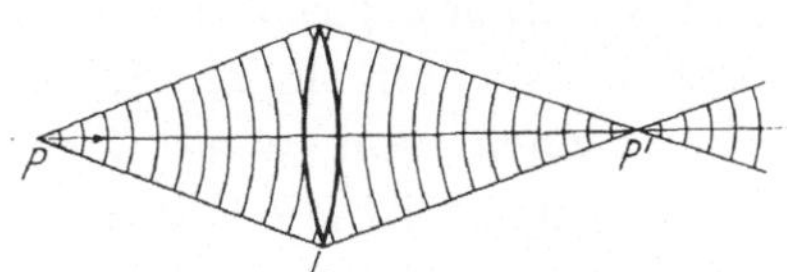

Abb. 36. Abbildung eines leuchtenden Punktes durch eine Linse nach der Wellenvorstellung.

Foucault bestimmte die Geschwindigkeit des Lichtes in Wasser, indem er in seinem Apparat (Abb. 22) zwischen die beiden Spiegel ein mit Wasser gefülltes Rohr stellte. Er fand, daß die Lichtgeschwindigkeit in Wasser tatsächlich nur $^3/_4$ von der in Luft beträgt. Damit wurde erst im Jahre 1850 die Wellentheorie des Lichtes endgültig abgeschlossen. Abb. 36 zeigt, wie die Abbildung eines leuchtenden Punktes P durch eine Linse zustande kommt. In der Mitte ist die Linse dicker, die Wellen werden deshalb dort auf einer größeren Strecke verzögert. Das bewirkt, daß die Welle nach dem Durchgang durch die Linse entgegengesetzt gekrümmt ist und wieder in einen Punkt P' zusammenläuft. Von diesem divergiert sie dann wie von einem wirklichen leuchtenden Punkt.

V. Interferenz.

a) Interferenz von Wellen.

Ein Vorgang, den man als Interferenz bezeichnet, ist äußerst kennzeichnend für jeden Wellenvorgang, und wir müssen ihn daher näher betrachten. Eigentlich ist das Wort „Interferenz" nicht glücklich gewählt, denn es besagt ungefähr soviel wie „gegenseitige Beeinflussung", in der englischen Sprache geradezu „Störung". Wir werden aber sehen, daß die Interferenz von Wellen dadurch zustande kommt, daß zwei Wellenvorgänge, die gleichzeitig am gleichen Ort vorhanden sind, völlig unabhängig voneinander verlaufen, sich also gerade nicht stören.

Daß zwei Wellenvorgänge sich gegenseitig nicht stören, kann man leicht sehen, wenn man die Wellen auf einer Wasseroberfläche beobachtet. Die Wellen können irgendeinen anderen Wellenzug, z. B. am Heck eines Schiffes, kreuzen. Wenn sie diesen Wellenzug passiert haben, laufen sie unverändert weiter, geradeso, als wären sie keiner zweiten Welle begegnet. Wenn ein Wasserteilchen von zwei Wellenbewegungen gleichzeitig ergriffen wird, so ist die Verschiebung, die das Teilchen erfährt, eine ungestörte Überlagerung der beiden Verschiebungen, die jede Welle einzeln hervorrufen würde. Wenn daher die Verschiebungen, die ein Teilchen gleichzeitig durch zwei Wellenvorgänge erfährt, z. B. gleich groß und entgegengesetzt gerichtet sind, so bleibt das Teilchen in Ruhe; sind die Verschiebungen gleichgerichtet, so ist die Verschiebung doppelt so groß wie im Falle einer einzigen Welle. Dieses schon von Huyghens formulierte Prinzip der Superposition bedingt das Zustandekommen von Interferenzen.

Man kann den Vorgang an Schallwellen oder Wasserwellen leicht beobachten. Abb. 37a, b zeigt eine Momentaufnahme von zwei Kreiswellen, die gleichzeitig an der Oberfläche des Wassers erregt werden. Abb. 38 ist ein schematisches Bild des gleichen

a

b

Abb. 37a u. b. Interferenz von Wasserwellen.

Vorgangs. Längs der punktierten Linien erleiden die Wasserteilchen gleich große und entgegengesetzte Verschiebungen. Hier ist deshalb keine Bewegung vorhanden. Längs der ausgezogenen Linien wirken die Wellen gleichsinnig, Berg fällt auf Berg und

Tal auf Tal. Wir bekommen deshalb eine Verdoppelung der Ausschläge. Die Interferenz einer direkten mit der am Ufer reflektierten Wasserwelle zeigt Abb. 39. Diese schöne Aufnahme wurde von E. Regener am Bodensee gemacht.

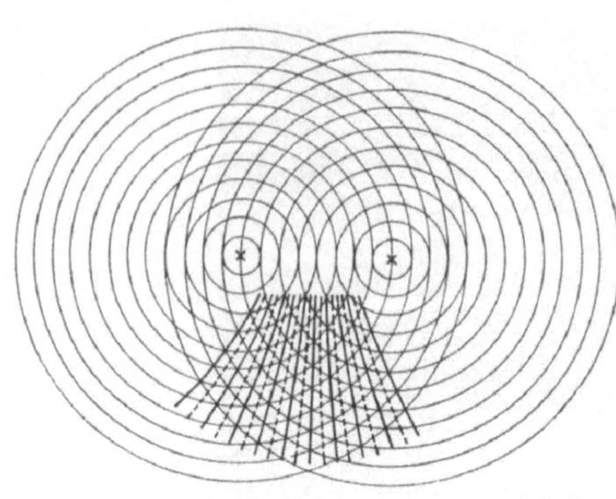

Abb. 38. Schema der Interferenz von zwei Kreiswellen.

Läßt man zwei gleiche geeignete Schallquellen nebeneinander tönen, so gibt es Stellen in der Umgebung, in denen nichts zu hören ist, und solche, in denen der Ton wesentlich lauter ist als bei einer Schallquelle allein. Die Erklärung ist genau die gleiche. Wenn man in diesem Falle manchmal sagt, Schall zu Schall addiert, könne unter Um-

Abb. 39. Interferenz einer Wasserwelle mit der am Ufer reflektierten Welle. (Nach Regener.)

ständen Stille ergeben, so darf man das nicht falsch auffassen. Jedenfalls kann der Vorgang der Interferenz keine Vernichtung von Schallenergie bedingen, sondern nur eine andere räumliche

Verteilung. Dort, wo die Amplitude verdoppelt ist, haben wir eine Vervierfachung und nicht nur eine Verdoppelung der Schallintensität; denn eine Schwingung der doppelten Amplitude hat die vierfache Energie (S. 6). Was also an Energie an dem Ort der Stille verschwindet, findet sich wieder an den Stellen größerer Lautstärke.

b) Interferenz des Lichtes.

Wenn Licht, das von einer schwachen Lichtquelle kommt, unterwegs von dem starken Lichtbündel eines Scheinwerfers durchkreuzt wird, so tritt dadurch keinerlei Störung des schwachen Lichtes auf. Wir können keinerlei Veränderung daran bemerken. Diese Erfahrung, daß einander durchkreuzende Lichtbündel einander nicht stören, können wir als Folge des Superpositionsprinzips von Wellen verstehen. Wenn das Licht ein Wellenvorgang ist, müssen aber auch zwei Lichtquellen unter Umständen an einzelnen Stellen erhöhte Helligkeit, an anderen Dunkelheit, also Interferenzen, erzeugen. Thomas Young (1773—1829) hat als erster diese Erscheinung in ihrer einfachsten Form aufgefunden und richtig gedeutet. Auf den ersten Blick scheint hier eine Schwierigkeit aufzutreten. Wir besitzen nämlich keine ausgedehnten Lichtquellen, die so wie Stimmgabeln eine große Reihe von einfachen gleichartigen Schwingungen ausführen. In einer Flamme oder dem glühenden Draht einer elektrischen Lampe müssen wir uns eine ungeheure Anzahl von Atomen der Materie vorstellen, die die Lichtschwingungen erzeugen. Die Vorgänge in der Lichtquelle sind außerordentlich stürmisch und ungeordnet. Es werden zahllose Schwingungen aller möglichen Frequenzen der zahllosen Atome in jedem Augenblick durch Zusammenstöße mit Nachbaratomen teils neu begonnen, teils wieder abgebrochen und gestört. Es ist daher völlig unmöglich, zwei ganz gleichartige Lichtquellen herzustellen. Jede solche Lichtquelle gleicht etwa einer brausenden Orgel, auf der der Organist eine ganz beliebige Zahl von Tönen erklingen läßt. Alle die zahllosen Lichtquellen, die z. B. von einer Kerzenflamme ausgehen, ergeben daher mit Wellen, die von einer anderen Kerzenflamme ausgesandt werden, niemals Interferenzen. Wenn die beiden Kerzen eine weiße Wand beleuchten, so wird die gleichmäßige Beleuchtung einfach doppelt so groß wie bei der Wirkung einer Kerze. Die Vermehrung der Kerzenzahl ist deshalb die einfachste Art, wie wir die Beleuchtung unserer Räume steigern können, ohne daß irgendwo abwechselnd Stellen vermehrter Helligkeit und völliger Dunkelheit entstehen.

Man darf hieraus indessen nicht schließen, daß es aus Mangel an geeigneten Lichtquellen unmöglich ist, Interferenzen mit Licht zu erhalten.

Seit der ersten Erwähnung der kennzeichnenden Färbung von Flammen durch bestimmte Metallsalze, die man schon bei Paracelsus findet, hat es über drei Jahrhunderte gedauert, bis Robert Bunsen und Gustav Kirchhoff (1860) das Geheimnis dieser farbigen Flammen ergründeten. Seitdem wissen wir, daß die Atome der Materie, wenn sie genügend weit von ihren Nachbarn entfernt sind, wie es in nicht zu dichten Gasen oder Dämpfen der Fall ist, und auf irgendeine Weise zum Leuchten erregt werden, nur ganz bestimmte, für jede Atomart kennzeichnende Lichtfrequenzen aussenden können.

Wenn man in eine nicht leuchtende Flamme eine Spur eines Stoffes einführt, der das Metall Natrium enthält, z. B. etwas gewöhnliches Kochsalz, so entsteht Natriumdampf. Die Flamme wird intensiv gelb gefärbt. Die Natriumatome werden bei ihren heftigen Zusammenstößen zum Leuchten erregt und liefern dabei das gelbe Licht, das aus einer fast ganz einheitlichen Frequenz besteht. Ein bestimmtes Element liefert aber für gewöhnlich nicht nur eine einzige Frequenz, sondern mehrere verschiedene, aber ganz bestimmte Frequenzen. Man kann indessen durch geeignete farbige Glasscheiben aus solch einem Gemisch „homogenes" Licht von einheitlicher Frequenz ausfiltern. Nicht nur durch salzhaltige Flammen, sondern auch auf mancherlei andere Weise kann man solch ein homogenes Licht erhalten.

Geeignete Lichtquellen sind: der elektrische Lichtbogen und Funken zwischen Metallelektroden, die Quecksilberbogenlampe und die elektrische Glimmentladung in verdünnten Gasen. (Näheres siehe „Lichtquellen" XI.)

Eine gelb leuchtende Natriumflamme ist etwa einer großen Zahl von Stimmgabeln vergleichbar, die alle den gleichen reinen Ton liefern, von denen aber in einem bestimmten Augenblick viele neu erregt und viele tönende wieder angehalten werden, so daß doch noch ein großes Durcheinander von Wellen entsteht. Auch mit dem Lichte zweier Natriumflammen kann man deshalb keine Interferenzen bekommen. Wenn wir das Licht von nur zwei gleichartigen, ungestört leuchtenden Atomen beobachten könnten, müßte dieses Licht allerdings ebenso interferieren wie die Schallwellen von zwei gleichartigen Stimmgabeln. Das läßt sich aber nicht nachprüfen.

Es gibt einen Weg, diese Schwierigkeit zu umgehen. Man braucht nur das Licht einer einzigen Lichtquelle durch Spiegelung, Brechung oder auf irgendeine andere Weise in zwei Anteile zu spalten und die beiden Anteile, nachdem sie etwas verschieden lange Wege durchlaufen haben, wieder zu vereinigen. Man kann sagen, daß man auf diese Weise gewissermaßen eine genaue Kopie der einen Lichtquelle herstellt. Das Licht dieser Lichtquellen, der wirklichen und der Kopie, ist nun interferenzfähig, weil jedes leuchtende Atom seinen Zwilling in der Kopie besitzt. In Wirklichkeit verhält sich die Sache so, daß immer nur Licht, das vom gleichen Atom ausgesandt wurde und verschiedene Wege zurückgelegt hat, zur Interferenz kommt.

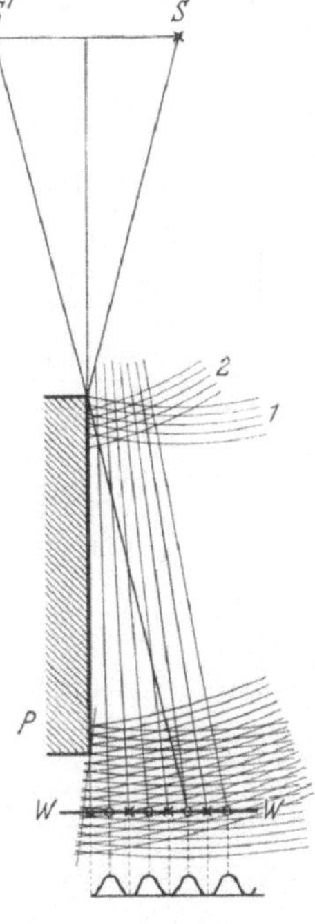

Abb. 40. Schema des Lloydschen Interferenzversuches.

Ein besonders einfacher Interferenzversuch, der sogenannte Spiegelversuch von H. Lloyd, wird das sogleich klarmachen. Bei diesem Versuch wird das direkte Licht mit dem an einer Glasplatte gespiegelten zur Interferenz gebracht. S in Abb. 40 ist ein mit Natriumlicht beleuchteter enger Spalt und P eine Spiegelglasplatte. Der Spalt muß in Wirklichkeit sehr nahe an der Ebene des Spiegels aufgestellt sein, so daß das Licht fast streifend auf den Spiegel fällt. Unter diesen Umständen reflektiert die Glasplatte das Licht auch fast vollständig wie ein Metallspiegel, so daß das direkte und das reflektierte Licht gleiche Stärke haben. Das reflektierte Licht kommt scheinbar von dem „Spiegelbild" S' des Spaltes

S. S und *S'* sind deshalb die vollkommen gleichen Lichtquellen, von denen oben die Rede war. Die Überschneidung beider Lichtwellen erzeugt nun in der Tat ein System von zahlreichen hellen und dunklen Interferenzstreifen, die man auf dem weißen Schirm *W* beobachten kann. Abb. 39 zeigt eigentlich diesen Versuch mit Wasserwellen.

Wir wollen uns noch schnell überlegen, wie sich die Größe der Lichtwellenlänge aus solchen Versuchen ergibt. Vom Schirm aus gesehen, erscheinen die Lichtquellen *S* und *S'* unter einem Winkel φ, den man leicht messen kann. Der Abstand zweier heller oder zweier dunkler Interferenzstreifen sei *a* cm. Aus Abb. 41 erkennt man, daß der Winkel φ in Bogenmaß gemessen[1] gleich ist λ/a.

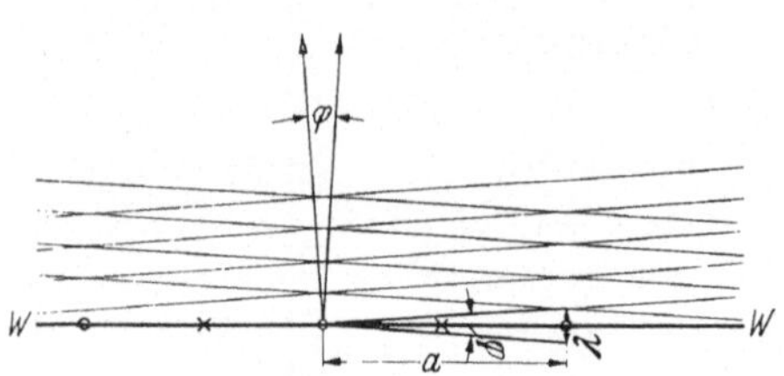

Abb. 41. Zur Bestimmung der Wellenlänge des Lichtes bei einem Interferenzversuch.

Beträgt der Winkel φ z. B. 20 Bogenminuten oder in Bogenmaß 0,0058, so ist der Abstand der Interferenzstreifen, wenn wir das gelbe Natriumlicht verwenden, nahezu $^1/_{100}$ cm. Daraus folgt für die Wellenlänge des Natriumlichtes $\lambda = \dfrac{0,0058}{100}$ cm $= 5,8$ hunderttausendstel cm oder 580 mμ oder 5800 Ångströmeinheiten[2], also ein sehr kleiner Wert. (Der genaue Wert für λ der gelben Natriumstrahlung ist 5890 Å.) Die Schwingungszahl dieses Lichtes ergibt sich durch Division der Lichtgeschwindigkeit durch die Wellenlänge zu $v = \dfrac{c}{\lambda} = \dfrac{3 \cdot 10^{10}}{5,8 \cdot 10^{-5}} = 5,17 \cdot 10^{14}$ sec^{-1}, also über 500 Billionen Schwingungen in der Sekunde.

Homogenes rotes Licht liefert breitere, homogenes violettes schmälere Interferenzstreifen, und die Streifenabstände verhalten sich wie die Wellenlängen. Man findet etwa $\lambda = 4000$ Å für das kurzwelligste sichtbare Violett und etwa $\lambda = 7500$ Å für das langwelligste sichtbare Rot. Die Messung so kleiner Längen ist, wie man sieht, zurückgeführt auf die Messung einer viel größeren Länge, nämlich des Streifenabstandes, und eines noch bequem meßbaren Winkels.

Beleuchtet man den Spalt statt mit homogenem Licht einfach mit weißem Licht, so zeigt sich merkwürdigerweise, daß man

[1] Das Bogenmaß gibt die Länge des Kreisbogens auf dem Kreise vom Radius 1, die dem Zentriwinkel φ entspricht.

[2] 1 mμ = $^1/_{1000000}$ mm, 1 Å = 10^{-8} cm = $^1/_{10}$ mμ.

40

jetzt ebenfalls Interferenzstreifen erhält. Die Zahl der Streifen ist aber nur gering, und sie sind überdies nicht einfach hell und dunkel, sondern sehen farbig aus. *Das muß so sein, wenn das weiße Licht alle möglichen Wellenlängen des sichtbaren Lichtes enthält.* Die verschieden breiten Streifensysteme der verschiedenen einfarbigen Lichter überlagern sich dann, und nur bei fast genau gleichen Lichtwegen, also bei sehr kleinen Gangunterschieden von nur einigen wenigen Wellenlängen, sind die Stellen größter Helligkeit oder größter Dunkelheit für mehrere Wellenlängen einigermaßen in Übereinstimmung, so daß noch Interferenzen sichtbar sind. Die Farbigkeit der Streifen kommt dadurch zustande, daß an einer Stelle, an der gerade ein dunkler Streifen für eine bestimmte Wellenlänge liegt, diese Wellenlänge im Licht fehlt. Das Auge sieht dann an dieser Stelle nicht mehr Weiß, sondern eine Mischfarbe. (Näheres s. unter IX c.) Mit weißem Licht sind Lichtinterferenzen auch zuerst beobachtet worden, und schon Newton war eine sehr einfache Anordnung bekannt, mit der man kreisförmige Interferenzringe erhält. Mit der Korpuskeltheorie des Lichtes war es natürlich sehr schwierig, diese Erscheinung zu erklären.

Licht ganz einheitlicher Wellenlänge können wir in der Natur nicht vorfinden. Nur einen unendlich langen sinusförmigen Wellenzug ohne Anfang und Ende können wir als völlig homogenes Licht bezeichnen. Man hat deshalb wohl etwas scherzhaft bemerkt, daß allein die Tatsache, daß man eine Lichtquelle anzünden und auslöschen kann, beweise, daß es kein ganz homogenes Licht gibt. Homogenes Licht müßte bei beliebig großen Gangunterschieden noch Interferenzen geben. Der größte Gangunterschied zweier Wellen besonders homogenen Lichtes, bei dem man noch Interferenzen erhalten konnte, beträgt aber nur etwa 2 Millionen Wellenlängen (Wegunterschied 1 m). Wir können uns das so deuten, daß die einzelnen Atome höchstens etwa 2 Millionen ungestörte, regelmäßige Schwingungen ausführen können. Es bedeutet weiter, daß die Wellenlängen, die dies Licht enthält, sich nicht mehr als um 5 Zehnmillionstel der Wellenlänge unterscheiden. Das Licht ist also in der Tat außerordentlich homogen. Wenn die Frequenz des Lichtes etwa 600 Billionen Schwingungen pro Sekunde beträgt, so beanspruchen

2 Millionen Schwingungen $^1/_{300}$ von einer millionstel Sekunde. In solchen kleinen Zeitintervallen dürfen deshalb z. B. noch Zusammenstöße der leuchtenden Atome erfolgen, welche die Schwingungen stören. Die Zeit zwischen zwei Zusammenstößen, die ein Molekül in der Luft mit anderen Molekülen erfährt, wenn der Luftdruck auf etwa den zwanzigsten Teil einer Atmosphäre erniedrigt ist, ist ungefähr ebenso groß. Die Größe des Wellenlängenbereichs, den eine solche angenähert homogene Lichtquelle aussendet, ist aber noch von einer Reihe anderer Umstände abhängig, deren Einzelheiten ziemlich verwickelt sind.

c) Interferenz und Beugung.

Der Interferenzversuch von Lloyd, und ähnliches gilt von vielen technischen Varianten, hat nichts mit der Beugung des Lichtes zu tun. Es gibt also zwar Interferenzvorgänge ohne Lichtbeugung, dagegen tritt Lichtbeugung niemals ohne Lichtinterferenz auf. Die durch Schirme oder durch kleine Öffnungen bedingte Lichtbeugung können wir ansehen als entstanden durch das Zusammenwirken der Huyghensschen Elementarwellen, die von den nicht abgeschirmten Teilen der einfallenden Welle ausgehen. Diese Elementarwellen interferieren miteinander, und dadurch entstehen die dunklen und hellen Streifen, die auf den Abb. 30 und 31 zu sehen sind. A. Fresnel hat zuerst die Interferenz der Elementarwellen bei der Beugung durch Öffnungen

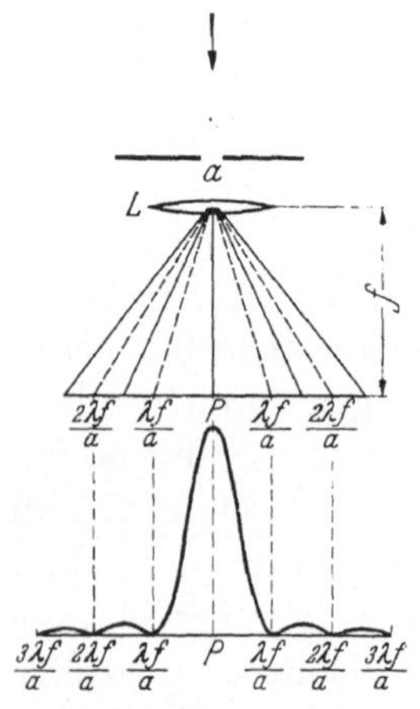

Abb. 42. Zur Beugung an einem Spalt (schematisch).

oder Schirme einfacher Gestalt berechnet. J. v. Fraunhofer hat die gleichen Vorgänge unter einfacheren und übersichtlicheren Verhältnissen studiert.

Wir betrachten zunächst als wichtiges Beispiel die Beugung an einem Spalt (Abb. 42). Wenn Licht der Wellenlänge λ, das von einer sehr fernen spaltförmigen Öffnung kommt, auf einen zweiten engen Spalt der Breite a auffällt und wir eine Linse L hinter den Spalt stellen, so wird auf einen Schirm S im Abstand der Linsenbrennweite f hinter der Linse ein Beugungsbild entstehen, dessen Helligkeitsverteilung leicht zu berechnen ist. Das Ergebnis ist das folgende:

An der Stelle P gerade hinter der Spaltmitte ist die Helligkeit am größten. Nahezu in den Abständen $\frac{\lambda f}{a}$, $\frac{2\lambda f}{a}$, $\frac{3\lambda f}{a}$, ... usw. rechts und links von P ist Dunkelheit. Die Lichtwirkung in den zwischenliegenden Stellen verdeutlicht der untere Teil der Abb. 42 Man bekommt also eine mittlere, nach den Seiten abfallende Helligkeit und seitliche, weniger helle Beugungsstreifen mit dazwischenliegenden dunklen Streifen (Abb. 43). Wird die Spaltbreite a kleiner und kleiner gemacht, so wird der mittlere Streifen immer breiter, die seitlichen Streifen rücken nach

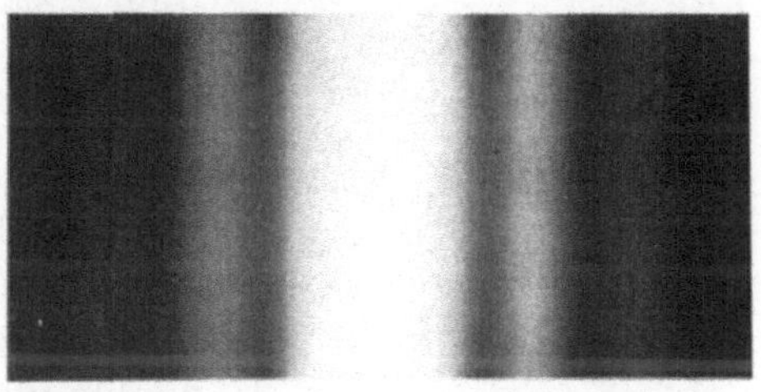

Abb. 43. Fraunhofersche Beugung an einem Spalt.

außen, und wenn die Spaltbreite nur noch von der Größe der Lichtwellenlänge ist, ist nur eine allgemeine Helligkeit, die über den ganzen Schirm verbreitet ist, zu bemerken. Der beugende Spalt wirkt dann genau so wie eine selbständige Lichtquelle, die Licht nach allen Seiten aussendet, ganz wie wir das bei den Wasserwellen beobachtet haben. Diese Ergebnisse stehen in völliger Übereinstimmung mit der Erfahrung.

Wir wollen hier nur noch einen besonders merkwürdigen Fall etwas genauer betrachten. Wenn eine undurchsichtige Kreisscheibe von einer weit entfernten punktförmigen Lichtquelle beleuchtet wird, so muß genau im Mittelpunkt des geometrischen Schattens ein heller Punkt sichtbar sein. Ist die kreisförmige Scheibe sehr klein, oder der Schirm, auf dem der Schatten beobachtet wird, von der Kreisscheibe sehr weit entfernt, so ist dieses helle Zentrum geradeso hell, als wäre die Kreisscheibe gar nicht vorhanden. Die genauere Bedingung hierfür ist die, daß der Abstand vom Schirm nach dem Rand der Kreisscheibe nur um eine oder einige wenige Lichtwellenlängen größer sein darf als die Entfernung nach dem Scheibenmittelpunkt.

Beträgt z. B. der Abstand des Schirmes von der Kreisscheibe 8 m und der Durchmesser der Kreisscheibe 6 mm, so ist der erwähnte Unterschied der Abstände gerade $5,6 \cdot 10^{-5}$ cm, also etwa gleich einer Wellenlänge. Wenn die Kreisscheibe einen Durchmesser von 60 mm hat, so muß der Schirm schon 800 m entfernt sein, damit die gleiche Bedingung erfüllt ist.

Als Poisson diese Folgerung aus der Theorie von Fresnel zog, erschien es so widersinnig, daß gerade im Mittelpunkt des Schattens große Helligkeit auftreten sollte, daß man geneigt war, die ganzen Überlegungen Fresnels für falsch zu halten. Arago führte indessen den sehr einfachen Versuch aus und bestätigte die Voraussage. Abb. 44 zeigt eine Aufnahme dieser Beugungserscheinung. Abwechselnd dunkle und helle, bei weißem Licht farbige Ringe umgeben den hellen Mittelpunkt, und auch außerhalb des geometrischen Schattens treten Ringe auf. Auch dies steht in Übereinstimmung mit der Rechnung. Schon fast hundert Jahre früher hatte Deslisle den hellen Zentralpunkt im Schatten einer Kreisscheibe beobachtet. Der Versuch war aber in Vergessenheit geraten.

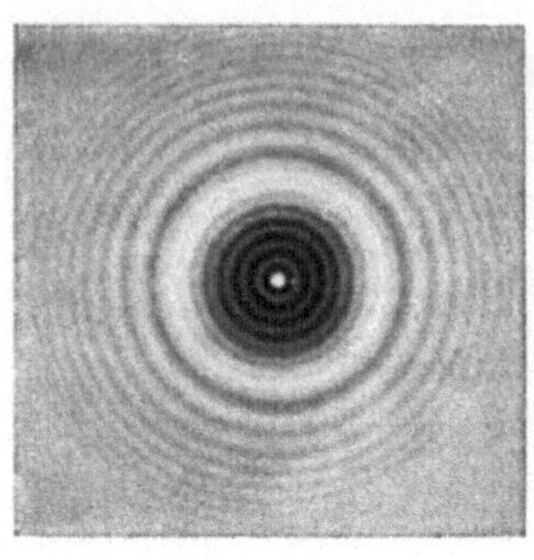

Abb. 44. Beugung an einer Kreisscheibe. (Nach Arkadiew.)

Die Beugung an einer runden Öffnung sieht ähnlich aus wie die an einer runden Scheibe, doch ist der Mittelpunkt je nach der Größe der Öffnung und dem Schirmabstand hell oder dunkel. Ist die Kreisscheibe genügend groß oder der Schirm S nicht genügend weit von ihr entfernt, so verschwindet die Beugungserscheinung schließlich, und man sieht nur den lichtlosen Schatten. Fresnel konnte zeigen, daß dann in der Tat die Interferenz aller Elementarwellen, die mit verschiedenen Phasen einen im Schattenraum gelegenen Punkt erreichen, die Lichtwirkung Null ergibt, so daß außer einer schwachen Beugung am Schattenrand kein Licht hinter den Körper dringen kann. Haben wir statt einer schattenwerfenden Scheibe ein großes kreisrundes Loch in einem Schirm, so geht das Licht ebenfalls als nahezu scharf begrenztes Bündel hindurch und liefert auf einem nicht zu fernen Schirm einen kreisförmigen hellen Fleck mit gleichmäßiger Helligkeit ohne merkliche Beugung. Damit war auch die geradlinige Ausbreitung der Lichtwellen dadurch erklärt, daß die Elementarwellen, die um das große Hindernis herumlaufen, sich durch Interferenz auslöschen. Wäre das nicht so, so gäbe es keinen dunklen Schatten und nicht die Dunkelheit der Nacht.

An einer Beugungserscheinung hat auch Young die Erklärung der Lichtinterferenz zuerst gegeben. Jedermann kann sich leicht einen kleinen Apparat herstellen, mit dem sich der Versuch von Young in einfacher Weise wiederholen läßt. In Abb. 45 ist ein Papprohr abgebildet mit je einer Öffnung im Deckel und im Boden. Die eine Öffnung ist mit einem gewöhnlichen Spiegel verschlossen, in dessen Silberbelag mit einem Rasiermesser zwei enge Spalte S_1 und S_2 im Abstand von etwa $^1/_2$ mm eingeritzt sind. Vor die andere Öffnung

Abb. 45. Einfache Anordnung zur Beugung an zwei Spalten.

ist eine gewöhnliche Lupe geklebt. Blickt man durch diesen Apparat gegen eine ferne lineare Lichtquelle (beleuchteter Spalt, gerader Faden einer Glühlampe usw.), wobei die Spalte der Lichtquelle zugekehrt und mit ihr parallel sein müssen, so sieht

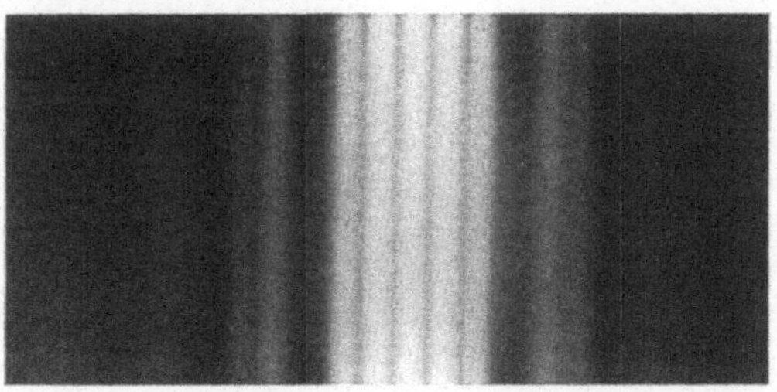

Abb. 46. Fraunhofersche Beugung an zwei Spalten.

man ein System farbiger Interferenzstreifen ganz ähnlicher Art wie beim Spiegel von Lloyd. Der mittlere Streifen ist weiß, weil hier der Gangunterschied für alle Wellen Null ist. Verdeckt man die eine spaltförmige Öffnung, so erhält man das Beugungsbild eines Spaltes. Die beiden Spalte wirken als interferenzfähige

Lichtquellen, wenn die beleuchtende Lichtquelle genügend schmal und weit entfernt ist. Die Interferenzen kommen dann geradeso zustande, wie das Abb. 38 zeigt. Eine Aufnahme dieser Beugungs- und Interferenzerscheinung an zwei Spalten mit einfarbigem Licht zeigt Abb. 46.

VI. Anwendungen der Interferenz und Beugung.

Die Anwendungen der Interferenz und Beugung in den verschiedensten Zweigen der Physik und der Meßkunde sind so überaus zahlreich, daß wir uns auf einige wenige Beispiele beschränken müssen.

a) Das Michelsonsche Interferometer.

Abb. 47 zeigt einen Interferenzapparat von Michelson, der sehr vielseitig verwendbar ist. L sei eine ausgedehnte Lichtquelle, die homogenes Licht liefert. Das Licht wird zur Hälfte an der auf der Rückseite halbdurchlässig versilberten Glasplatte G_1 nach dem Spiegel A reflektiert, geht den gleichen Weg zurück und tritt nach dem Durchgang durch G_1 in das Fernrohr F ein. Die andere Hälfte des Lichtes geht durch G_1 hindurch nach dem Spiegel B, geht den gleichen Weg zurück und gelangt nach Reflexion an G_1 ebenfalls ins Fernrohr. Die mit G_1 genau gleich dicke Glasplatte G_2 ist in den Strahlengang eingeschaltet, damit das Licht auf beiden

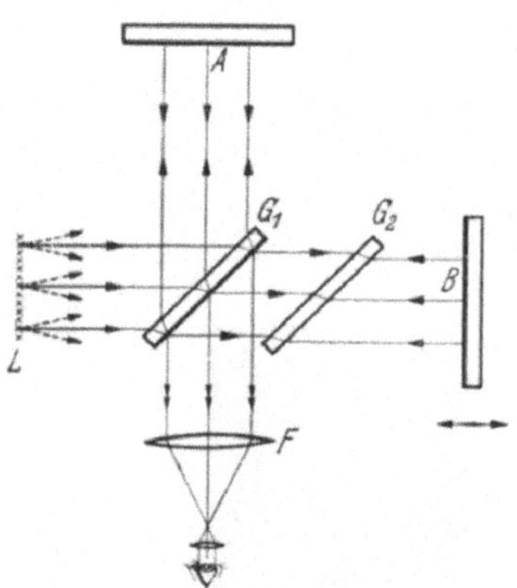

Abb. 47. Interferometer von Michelson.

Wegen genau gleich viel Glas durchsetzt. Wenn dann A und B von G_1 genau gleich weit entfernt sind, enthalten beide Wege auch genau die gleiche Anzahl von Wellenlängen. Die Glasplatten G_1 und G_2 müssen ganz eben und an allen Stellen bis auf kleine Bruchteile einer Wellenlänge gleich dick sein. Die vorne verspiegelten Glasplatten A und B müssen ebenfalls

46

ganz eben sein. Ihre Ebenen stehen genau senkrecht aufeinander. Der Spiegel B kann mit einer sehr guten Schraube auf einem Schlitten der Glasplatte G_1 um meßbare Beträge genähert oder von ihr entfernt werden. Die beiden Lichtwege können dadurch verschieden groß gemacht werden. Im Fernrohr, das auf paralleles Licht eingestellt ist, sieht man die Interferenz der beiden Lichtbündel. Der Gangunterschied für verschieden geneigte parallele Strahlenbündel ist verschieden groß, so daß die Interferenzerscheinung aus abwechselnd hellen und dunklen, genau kreisrunden Ringen (Abb. 48) besteht. Wenn man den Spiegel B verschiebt, wird die Mitte des Ringsystems abwechselnd hell und dunkel, je nachdem, ob für das auf die Spiegel senkrecht auffallende Licht der Gangunterschied auf beiden Wegen eine ganze Anzahl von Wellenlängen oder ein ungerades Vielfaches der halben Wellenlänge beträgt. Die Ringe scheinen bei der Verschiebung des Spiegels B deshalb aus dem Zen-

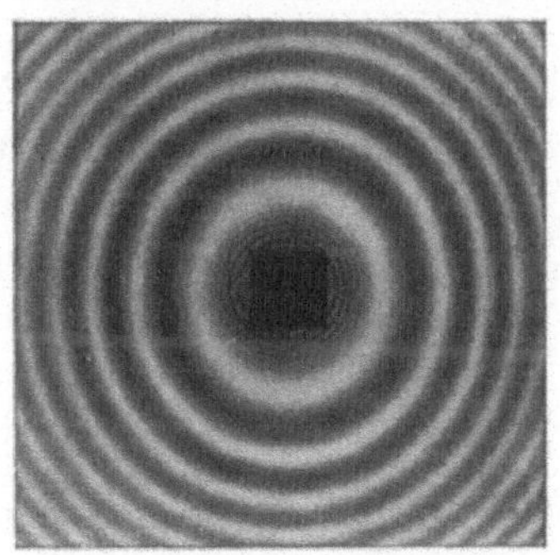

Abb. 48. Interferenzringe.

trum herauszuquellen oder in das Zentrum hineinzuschlüpfen, je nachdem dieser Spiegel von der Glasplatte G_1 fort oder auf sie zu bewegt wird. Bei Verschiebung von B um nur eine *halbe* Wellenlänge wird der Gangunterschied um eine *ganze* Wellenlänge verändert. Dabei verschiebt sich jeder helle oder dunkle Ring gerade um einen Ringabstand und die Mitte des Ringsystems wechselt z. B. von hell über dunkel zu hell.

1. Genaue Wellenlängenmessung.

Mit diesem Instrument ist es zunächst möglich, außerordentlich genaue Bestimmungen der Lichtwellenlänge auszuführen. Man braucht nur den Spiegel B um eine gemessene Strecke zu verschieben und zu zählen, wie oft dabei die Mitte des Ringsystems von hell über dunkel zu hell gewechselt hat. Die Spiegelverschiebung möge z. B. genau 0,25 cm betragen. Der Gangunterschied ist dann um $2 \cdot 0,25 = 0,5$ cm geändert. Es mögen dabei genau

10000 solcher Lichtwechsel erfolgt sein. Dann ergibt sich die Wellenlänge des benutzten Lichtes genau zu $\frac{0,5}{10000}$ cm $= 5 \cdot 10^{-5}$ cm.

Wenn das Licht sehr homogen ist, kann man dabei noch bei sehr großen Gangunterschieden, also bei einer sehr großen Verschiedenheit der beiden Lichtwege, Interferenzen beobachten. Michelson hat auf diese Weise die besonders homogene Strahlung des Kadmiumdampfes, die eine rote, eine blaue und eine grüne Wellenlänge enthält, untersucht. Die Verschiebung des Spiegels B wurde dabei direkt an das Pariser Normalmeter angeschlossen. Die näheren Einzelheiten dieser Messung sind natürlich viel verwickelter. Hier sollte nur das Prinzip erklärt werden. So war es möglich, das Normalmeter in Längeneinheiten zu eichen, die uns von der Natur gegeben sind und als unveränderlich betrachtet werden können, nämlich in den Wellenlängen der Strahlung, die das Atom des Kadmiums ausstrahlt[1]. Von der großen Genauigkeit geben folgende Ergebnisse eine Vorstellung:

Länge des Urmeters bei $15°$ C und 76 cm Hg-Druck.

Rote Kadmiumstrahlung 1 m $= 1553163,5\ \lambda_r$ oder $\lambda_r = 6438,4722$Å
Grüne   ,, 1 m $= 1900249,7\ \lambda_{gr}$,, $\lambda_{gr} = 5085,8240$Å
Blaue   ,, 1 m $= 2083372,1\ \lambda_{bl}$,, $\lambda_{bl} = 4799,9107$Å

Drei unabhängige Beobachtungen ergeben z. B. für die rote Cd-Strahlung:

$$1\ \text{m} = 1553162,7\ \lambda_r$$
$$1\ \text{m} = 1553164,3\ \lambda_r$$
$$1\ \text{m} = 1553163,6\ \lambda_r$$

Diese drei Werte unterscheiden sich nur um äußerst geringe Beträge, so daß die Länge des Urmeters bis auf ungefähr eine Lichtwellenlänge des roten Cd-Lichtes oder 6 zehntausendstel Millimeter festgelegt ist.

Falls das Meter seine Länge mit der Zeit nur um einige tausendstel Millimeter ändern würde, könnte man das bei einer Wiederholung der Messung bemerken.

2. Messung sehr kleiner Längenänderungen. Pflanzen wachsen sehen.

Es ist klar, daß man das Interferometer allgemein für die Messung sehr kleiner Längenänderungen oder auch Winkeländerungen (Verdrehungen) verwenden kann. K. W. Meißner

---

[1] Heute kennt man Strahlungen einiger Elemente, die für diese Zwecke noch besser geeignet sind.

hat diese Möglichkeit benutzt, um das Wachstum von Pflanzen unter verschiedenen äußeren Umständen in kurzen Zeiten zu verfolgen. Die Wachstumgeschwindigkeit ist von der Größenordnung $1/_{10000}$ mm pro Sekunde und deshalb nur bei sehr empfindlichen Hilfsmitteln in kurzer Zeit zu beobachten oder zu messen.

Die Anordnung Abb. 49 ist im wesentlichen ein vertikal angeordnetes Michelson-Interferometer, bei dem der eine Spiegel B durch sehr kleine Kräfte nach oben oder unten verschoben werden kann. Um das zu ermöglichen, ist der Spiegel B an einem leichten Gestänge nach Art einer empfindlichen Briefwaage befestigt a, b, c, d sind vier Gelenke, A_1 und A_2 zwei auf der Rückwand des Apparates befestigte Achsen. Wenn ein sehr kleiner Druck von unten nach oben auf die Platte P ausgeübt wird, wird der Spiegel B gehoben, wobei seine Ebene mit sich genau parallel bleibt. Der Druck auf P kann z. B. durch die Längenänderung einer Pflanze beim Wachsen ausgeübt werden. Wird der Spiegel um eine halbe Wellenlänge gehoben, so wechselt wieder das Ringzentrum

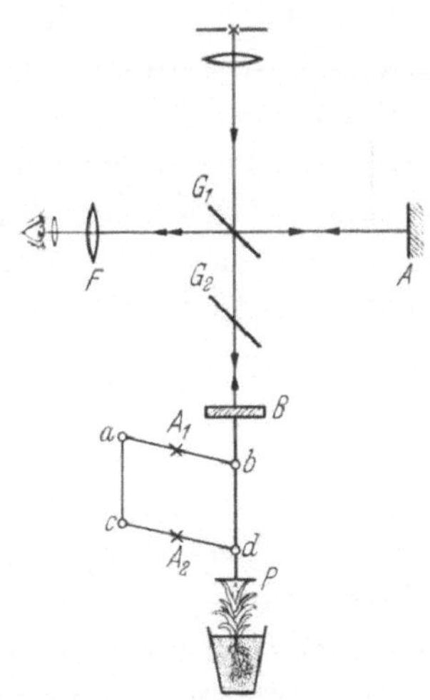

Abb. 49. Interferometer zur Beobachtung des Wachstums von Pflanzen.

seine Helligkeit einmal z. B. von hell über dunkel zu hell. Wächst also die Pflanze, so ziehen dauernd die Interferenzringe durch das Gesichtsfeld. Es mögen dabei n solche Helligkeitswechsel der Mitte des Interferenzsystems in t sec erfolgen. Dann ist die Wachstumgeschwindigkeit

$$v = \frac{n\,\lambda}{2\,t}.$$

Die Wellenlänge des Lichtes λ sei $5 \cdot 10^{-5}$ cm, und es mögen z. B. 4 Helligkeitswechsel in 10 sec erfolgen. Dann ist

$$v = \frac{4 \cdot 2,5}{10} \cdot 10^{-5} = 10^{-5} \text{ cm/sec} = \frac{1}{10\,000} \text{ mm/sec.}$$

Die Wirkung von giftigen oder narkotisierenden Dämpfen auf die Pflanze oder irgendwelche das Wachstum hemmende oder befördernde Einflüsse können augenblicklich bemerkt und messend verfolgt werden.

b) Die Durchmesser der Fixsterne.

Zwei Sterne, die um den gemeinsamen Schwerpunkt kreisen, bezeichnet man als Doppelsterne. Wenn sich die beiden Sterne in einem gegenseitigen Abstand befinden, der ungefähr so groß ist wie die Abstände im Sonnensystem, also z. B. $5 \cdot 10^8$ km, so erscheint das Sternenpaar von der Erde aus unter einem sehr kleinen Winkel, weil die Entfernung der Fixsterne so ungeheuer groß ist. Der nächste, mit bloßem Auge unter unseren Breiten sichtbare Fixstern, der Sirius, ist $8,3 \cdot 10^{13}$ km von der Erde entfernt, und das Licht braucht 8,8 Jahre, um vom Sirius zu uns zu gelangen. Eine Strecke von $5 \cdot 10^8$ km erscheint aus dieser Entfernung unter einem Winkel von 1,2 Bogensekunde. Zwei Lichtpunkte in einem gegenseitigen Abstand von 1 cm erscheinen aus einer Entfernung von 1,7 km unter dem gleichen Winkel. Das Auge sieht dann nur einen Punkt, weil die Bilder der beiden Punkte so nah beisammen sind, daß sie nur ein lichtempfindliches Element der Netzhaut erregen. Unser Auge vermag höchstens einen Winkel von etwa einer Bogenminute aufzulösen. Erst aus einer Entfernung von 35 m würde man die beiden 1 cm voneinander abstehenden, leuchtenden Punkte mit bloßem Auge getrennt sehen. Mit Hilfe eines geeigneten Fernrohres kann man aber Winkel von einer Bogensekunde noch leicht trennen. Doppelsterne, die einen so kleinen Winkel miteinander bilden, nennt man deshalb teleskopische Doppelsterne. Es gibt freilich Doppelsterne, die so enge Paare bilden, daß man sie bisher mit keinem Fernrohr hat trennen können. Man weiß trotzdem, daß es Doppelsterne sind. Wir werden später sehen, daß wir das mit Hilfe eines Spektroskops erfahren können. Man nennt sie deshalb spektroskopische Doppelsterne.

Noch schwieriger ist die Aufgabe, den Winkel zu messen, unter dem uns die Scheibe eines Fixsterns erscheint. Kennt man diesen Winkel und die Entfernung des Sterns, so erhält man den wahren Durchmesser des Sterns in Kilometern. Die Sonne würde aus der Entfernung des Sirius unter einem Winkel von nur 3 bis 4 tausendstel Bogensekunden erscheinen! Nicht nur mit bloßem Auge, sondern auch mit dem größten Fernrohr sieht man Fixsterne nicht scheibenförmig, wie die Planeten. Sie sind nur ausdehnungslose Punkte.

Wir müssen uns nun zunächst etwas über die Wirkung eines Fernrohrs unterrichten.

1. Was leistet das Fernrohr?

Die Vergrößerung hängt nur von der Brennweite des Objektivs F und der Brennweite des Okulars f ab. Sie ist gleich dem Verhältnis dieser Brennweiten F/f. Man begegnet nun häufig der Meinung, das Fernrohr diene lediglich dazu, ferne Gegenstände zu vergrößern. Wenn dies richtig wäre, wäre es unverständlich, weshalb man Fernrohrlinsen mit so großem Durchmesser herstellt. Die Angabe, daß ein bestimmtes Fernrohr eine so und so große Vergrößerung besitzt, unterrichtet uns daher meist weniger über die Güte des Instrumentes als über das Maß der Kenntnisse dessen, der diese Angabe macht. Die Fixsterne sehen wir z. B. mit dem Fernrohr nicht größer als mit bloßem Auge, wir sehen sie aber heller, weil die große Fernrohrlinse mehr Licht aufnimmt als die kleine Augenpupille und in beiden Fällen nur ein Netzhautelement erregt wird. Eine leuchtende ausgedehnte Fläche erscheint dagegen im Fernrohr höchstens ebenso hell wie bei Betrachtung mit bloßem Auge. Das Fernrohr nimmt zwar ebenfalls mehr Licht auf, doch wird dieses wegen der Vergrößerung auf eine größere Fläche auf der Netzhaut verteilt. Dies ist der Grund, weshalb man mit einem Fernrohr Fixsterne auch am Tage sehen kann. Die Sterne erscheinen heller als mit bloßem Auge, der Himmel aber nicht.

Die große Öffnung der Fernrohrlinse hat noch einen anderen Zweck. Am Rande der Objektivöffnung findet Lichtbeugung statt. Die Astronomen wissen schon seit langem, daß ein Fixstern bei Verwendung eines sehr stark vergrößernden Okulars im Fernrohr als kleines helles Scheibchen sichtbar wird, das von abwechselnd dunklen und hellen Ringen umgeben ist (Abb. 50a). Das ist eine Folge der Interferenz des am Rande der Fernrohröffnung gebeugten Lichtes und hat nichts mit dem endlichen Durchmesser des Sterns zu tun. Die Beugungsfigur wird natürlich wieder um so kleiner, je größer der Objektivdurchmesser

im Verhältnis zur Brennweite wird und je kleiner die Lichtwellenlänge ist. Die Größe der letzteren können wir aber nicht ändern.
Ein enger Doppelstern wird in einem Fernrohr bei hinlänglicher
Vergrößerung gerade noch getrennt erscheinen, wenn der Mittelpunkt des Beugungsscheibchens des einen Sterns auf den ersten
dunklen Ring des Beugungsscheib-
chens vom zweiten Stern fällt (Abb.
50 b). Die nähere Betrachtung dieses
Beugungsvorgangs zeigt, daß für die
Trennung zweier Punkte, die unter
einem Winkel von einer Bogensekunde erscheinen, ein Objektivdurchmesser von mindestens 12 cm erforderlich ist. Man muß ferner eine

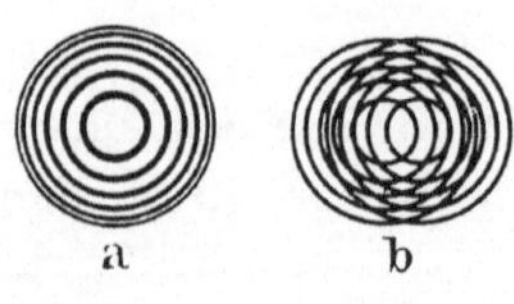

Abb. 50. a Beugungsbild
eines Fixsterns im Fern-
rohr. b Beugungsbild eines
Doppelsterns im Fernrohr.

mindestens 60fache Vergrößerung benutzen, damit der Winkel
von einer Bogensekunde auf eine Minute, die Auflösungsgrenze
des Auges, vergrößert wird. Nur dann kann die auflösende Kraft
des Fernrohrs voll zur Geltung kommen.

Um $^1/_{100}$ Bogensekunde zu trennen, würde ein Fernrohrobjektiv
von mindestens 12 m Durchmesser und eine 6000fache Vergrößerung notwendig sein! Das größte Spiegelfernrohr der Welt
in Amerika hat eine Öffnung von 5 m. Wenn die Optik vollkommen wäre, könnte man mit diesem Fernrohr auf dem Monde
noch zwei Punkte von 50 m Abstand getrennt sehen. Die Vergrößerung müßte eine 3—4tausendfache sein. Eine wesentlich
größere Okularvergrößerung bringt dann keinen Gewinn mehr.
Das im Fernrohr gesehene Bild würde nur größer und licht-
schwächer werden, aber keine weiteren Einzelheiten zeigen.
Das größte Fernrohr der Welt ist nicht ausreichend, um den
Winkeldurchmesser der Fixsterne zu messen. So setzt die
Wellennatur des Lichtes der Leistung jedes Fernrohrs schließlich
eine Grenze, gegen die auch die Kunst des Linsenoptikers
machtlos ist.

2. Die Umwandlung des Fernrohres in ein Interferometer.

Bringt man vor der Linse des Fernrohres zwei Spalte an, so
verwandelt man es in ein Interferometer. Es handelt sich um fast
die gleiche Anordnung, die auf S. 45 beschrieben ist. Das Bild

eines Sterns wird nun als schmaler heller Streifen sichtbar, der von dunklen Stellen unterbrochen ist. Man sieht also wieder ein System von Interferenzstreifen.

Der Winkel α, unter dem der Abstand eines hellen Streifens h (Abb. 51a) und des benachbarten dunklen Streifens d, von der Fernrohrlinse L aus gesehen, erscheinen würde, ist ebenso groß wie der Winkel, unter dem die halbe Lichtwellenlänge aus einer Entfernung, die gleich dem Spaltabstand s ist, erscheinen müßte, $\alpha = \dfrac{\lambda}{2s}$. Nehmen wir an, der beobachtete Stern wäre ein Doppelstern, vom Winkelabstand β, und beide Einzelsterne wären gleich hell. Jeder der Sterne liefert sein eigenes Streifensystem. Wenn β sehr viel kleiner ist als α, fallen die hellen und dunklen Streifensysteme sehr nahezu zusammen, und die Streifen sind dann deutlich sichtbar. Nun kann man die beiden Spalte S_1 und S_2 so einrichten, daß man sie einander nähern oder voneinander weiter entfernen kann. Vergrößert man den Abstand s, so wird α kleiner, d. h.

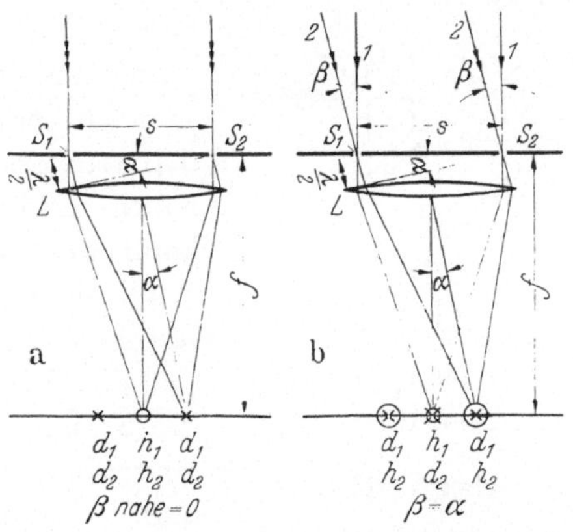

Abb. 51. a Erklärung der Wirkung des Sterninterferometers. b d_1, h_1 dunkle bzw. helle Streifen vom Stern 1; d_2, h_2 entsprechend von Stern 2.

die Streifenabstände werden kleiner. Wenn α gerade gleich dem Winkel β geworden ist, fällt jeder helle Streifen des einen Systems auf einen dunklen des andern Systems (Abb. 51b). Die beiden Streifensysteme sind um eine halbe Streifenbreite gegeneinander verschoben, und die Interferenzen werden daher unsichtbar[1].

Hat man auf diese Weise durch Änderung des gegenseitigen Abstandes der Spalte die Interferenzen zum Verschwinden gebracht, so kennt man den Winkelabstand des Doppelsterns, weil dann $\alpha = \beta = \dfrac{\lambda}{2s}$ wird. Ist z. B. $s = 5$ cm und λ (im Mittel)

[1] Aus der Abb. 51 ist alles dies zu entnehmen. Man muß sich nur ein wenig hineindenken.

$5 \cdot 10^{-5}$ cm, so ist $\alpha = 5 \cdot 10^{-6}$ oder nahezu 1 Bogensekunde. Es genügt für diese Messung demnach ein Fernrohr von wenig mehr als 5 cm Linsendurchmesser. Ein Fernrohr ohne Spalte müßte eine Öffnung von mindestens 12 cm haben, um diesen Doppelstern zu trennen.

Eine ähnliche Überlegung zeigt, daß die Interferenzen bei einem bestimmten Abstand der Spalte s auch dann verschwinden, wenn ein einfacher Stern betrachtet wird, weil der Stern eine Scheibe von endlichem, wenn auch sehr kleinem Winkel besitzt. Man kann deshalb zwar grundsätzlich auf diese Weise den Durchmesser der Sterne messen, doch wird das Verschwinden der Interferenzen erst bei sehr großem Spaltabstand eintreten, so daß man doch wieder sehr große Fernrohrlinsen braucht. Diese Schwierigkeit kann nun behoben werden. Abb. 52 zeigt die Umwandlung des Spaltinterferometers in ein Spiegelinterferometer. An die Stelle der beiden Spalte treten die beiden Spiegel A und B, deren gegenseitiger Abstand veränderlich ist, und weitere Spiegel und Glasplatten

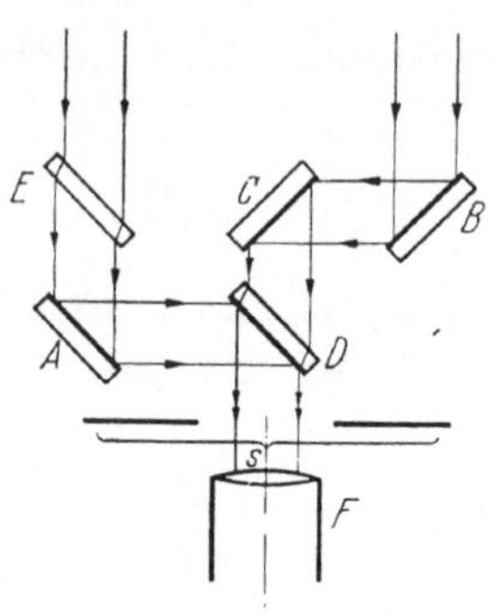

Abb. 52. Sterninterferometer von Michelson mit Spiegeln (schematisch).

leiten das Licht in eine Fernrohrlinse, die nun viel kleiner sein kann als der Abstand der Spiegel. Dieser Abstand kann also jetzt sehr groß gemacht werden. Das Spiegelinterferometer ist außerdem viel lichtstärker als das Spaltinterferometer und liefert breitere Interferenzstreifen.

Wir geben nun einige der wahrhaft erstaunlichen Ergebnisse, die mit solch einem Instrument, das ebenfalls vom Amerikaner Michelson erfunden worden ist, erzielt werden konnten:

Capella im Fuhrmann ist ein sehr enger Doppelstern. Er ist ungefähr 53 Lichtjahre von uns entfernt. Die Interferenzen verschwanden erst bei einem gegenseitigen Abstand der Spiegel von 5,9 m. Der Winkelabstand des engen Paares ergab sich daraus zu 0,04 Bogensekunden, was einem gegenseitigen Abstand der Komponenten von rd. 10^8 km entspricht. Auch der Durchmesser einiger Riesensterne konnte ermittelt werden. Der

Winkeldurchmesser von α Orionis (Beteigeuze) wurde zu 0,034 Bogensekunden ermittelt, der Abstand beträgt etwa 272 Lichtjahre[1] oder $2,56 \cdot 10^{15}$ km. Der Sterndurchmesser berechnet sich daraus zu $4,23 \cdot 10^{8}$ km, das ist das 300fache des Sonnendurchmessers und fast ebensoviel, wie der Durchmesser der Marsbahn! Für den Durchmesser von α Skorpii (Antares) fand man das 235fache des Sonnendurchmessers, während die Größe von α Bootis (Arktur) nur 23 Sonnendurchmesser beträgt.

c) Unsichtbares Glas, Reflexerhöhung und Interferenzfilter.

Wenn man eine Glasplatte mit einer völlig durchsichtigen planparallelen Schicht überzieht aus einem Stoff, dessen Brechungsexponent das geometrische Mittel zwischen dem der Luft und dem des Glases ist, so wird bei senkrechtem Lichteinfall nahezu der gleiche Bruchteil des Lichtes an der Oberfläche der Schicht, wie an der darunter liegenden des Glases reflektiert. Dabei erfolgt an beiden Grenzen eine Phasenumkehr. Hat nun die Schicht gerade die Dicke von einem Viertel der Wellenlänge, so besteht zwischen der an der Schicht und am Glase reflektierten Welle ein Gangunterschied von einer halben Wellenlänge. Die beiden Wellen löschen sich deshalb durch Interferenz aus, es wird kein Licht reflektiert und die Platte ist demnach nahezu unsichtbar. Das bei der Reflexion fehlende Licht muß in der Durchsicht wieder erscheinen. Hinlänglich genau gilt dies natürlich nur für einen gewissen Wellenlängenbereich. Wählt man diesen geeignet aus, so ist die Abhängigkeit von der Farbe des Lichtes wenig bemerkbar. Eine etwas genauere Erklärung des Vorganges müßte noch die Mehrfachreflexionen in der Schicht berücksichtigen. Eine Glasplatte oder eine Linse, die an der Vorder- und an der Rückseite in dieser Weise „vergütet" ist, wird vom Licht fast ohne Reflexverluste durchsetzt. Das ist von großer Bedeutung für viele optische Geräte, können doch die oft sehr beträchtlichen Lichtverluste durch Reflexion an den zahlreichen Glasflächen eines komplizierten Linsensystems, wie solche bei den meisten optischen Instrumenten verwendet werden, nunmehr weitgehend vermieden werden. Die Bilder werden außerdem bedeutend kontrastreicher.

Auf ähnliche Weise gelingt es umgekehrt, die Reflexion des Glases zu *erhöhen*. Zu diesem Zweck kann man z. B. die Glas-

---

[1] 1 Lichtjahr $= 9,46 \cdot 10^{12}$ km.

platte mit einer Schicht von der Dicke einer Viertelwellenlänge überziehen, deren Brechungsexponent möglichst hoch über dem des Glases liegt. In diesem Falle erleidet nur der an der *Schicht* reflektierte Anteil des Lichtes eine Phasenumkehr, der am Glase reflektierte Anteil dagegen nicht. Weil aber für den letzteren noch der Gangunterschied einer halben Wellenlänge dazu kommt, treten die beiden reflektierten Wellen mit gleicher Phase aus und müssen sich deshalb durch Interferenz verstärken. Man kann in dieser Weise Glasplatten erhalten, die nahezu die Hälfte des Lichtes reflektieren und die Hälfte durchlassen. Sie finden Anwendung in zahlreichen optischen Instrumenten und sind wesentlich günstiger als die früher verwendeten halbdurchlässig versilberten Platten, die eine beträchtliche Lichtabsorption besitzen.

Ein nahezu monochromatisches Lichtfilter für einen engen Spektralbereich mit sehr großer Durchlässigkeit läßt sich nach einem ähnlichen Prinzip herstellen. Die Oberfläche einer Glasplatte wird schwachdurchlässig versilbert und darauf eine durchsichtige Schicht aufgebracht von der Dicke einer halben Wellenlänge oder einer ungeraden Zahl halber Wellenlängen. Darüber kommt wieder eine schwachdurchlässige Silberschicht. Eine derartige Anordnung läßt bei senkrechtem Lichteinfall nur einen schmalen Wellenbereich des Lichtes eben dieser Wellenlänge nur wenig geschwächt hindurch[1]. Diese überraschende Wirkung läßt sich folgendermaßen ungefähr verständlich machen: Das Licht dieser Wellenlänge wird zwischen den spiegelnden Silberschichten hin und her geworfen und so in eine große Anzahl von Teilwellen aufgespalten, die alle mit gleicher Phase die Anordnung durchsetzen und sich deshalb durch Interferenz verstärken. Licht anderer Wellenlängen, für die keine Gleichphasigkeit vorhanden ist, wird dagegen durch Interferenz ausgelöscht. Blickt man durch ein derartiges Filter gegen eine weiße Lichtquelle, so ist man überrascht durch die leuchtende Farbe, die ohne jeden färbenden Bestandteil hervorgerufen wird. Natürlich fehlt das durchgelassene Licht dafür im reflektierten Lichtanteil.

---

[1] Man könnte meinen, daß die beiden ziemlich stark versilberten Glasplatten das durchgehende Licht sehr stark schwächen müßten. Das ist aber, weil alle Teilwellen sich durch Interferenz verstärken, nicht der Fall, wenn nur die Silberschichten möglichst wenig Licht *absorbieren*.

d) Das Beugungsgitter und das Spektrum.

Die Beugung des Lichtes durch zwei parallele Spalte hat uns zu einer wichtigen Anwendung der Lichtinterferenz in der Astronomie geführt. Wir werden erwarten, daß es nützlich sein wird, die Beugung nicht nur an zwei, sondern an sehr vielen parallelen Spalten zu untersuchen, die in gleichen Abständen durch undurchsichtige Zwischenräume getrennt sind. Damit kommen wir zum optischen Gitter von Fraunhofer, einem der wichtigsten Hilfsmittel, um die Zusammensetzung des Lichtes aus verschiedenen Wellenlängen zu untersuchen.

Es mögen etwa 1000 solche enge Spalte auf einer Strecke von vielleicht 2 cm auf einer sonst undurchsichtigen, z. B. versilberten Glasplatte geritzt sein. (Im allgemeinen ritzt man eine unversilberte Glasplatte mit einem Diamanten. Dann werden die geritzten Streifen undurchsichtig.) Wir machen homogenes Licht, das von einem beleuchteten Spalt _S_ kommt, durch eine Linse _1_ parallel und vereinigen es nachher wieder auf einem Schirm, wo ein helles Spaltbild entsteht. In den Weg der ebenen Welle stellen wir dann

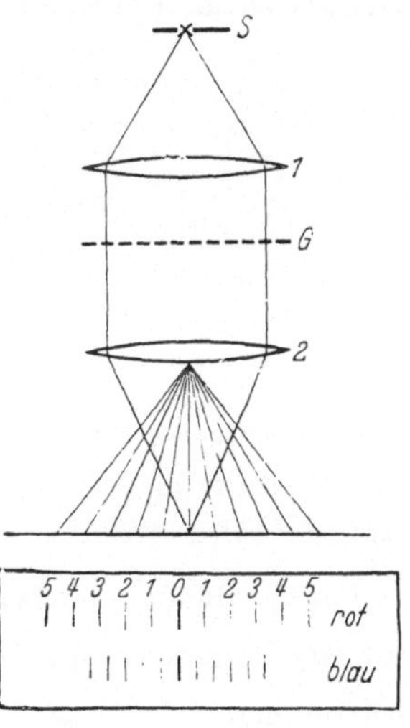

Abb. 53. Zur Erzeugung eines Gitterspektrums.

das Gitter (Abb. 53). Das Gitter spaltet das parallele Lichtbündel in mehrere Bündel auf, die nach beiden Seiten symmetrisch abgelenkt sind. Durch die Linse _2_ werden alle diese Bündel wieder vereinigt, und es zeigen sich so viele Spaltbilder auf dem Schirm, als Bündel entstanden waren. Man kann vielleicht 4 oder 5 Spaltbilder zu beiden Seiten des unabgelenkten Spaltbildes sehen. Die weiter abgelenkten Spaltbilder sind weniger hell als die weniger abgelenkten.

Wir können uns das Zustandekommen der Beugungserscheinung am schnellsten klarmachen, wenn wir der Einfachheit halber annehmen, die einzelnen Spalte wären so schmal, daß sie das Licht vollständig auseinanderbeugen. Abb. 54 zeigt den

Wirrwarr einander durchschneidender Elementarwellen, der so entsteht. Aber wir können darin leicht eine auffallende Ordnung entdecken. In den Richtungen 0, 1, 2, 3 schließen sich die Elementarwellen aller Öffnungen zu geschlossenen Wellenfronten zusammen, und wenn die Zahl der Öffnungen genügend groß ist, ist die Ausbreitung des Lichtes hinter dem Gitter fast ausschließlich auf diese Richtungen beschränkt. In den anderen Richtungen tritt Auslöschung durch Interferenz auf. Das Beugungsbild des Gitters ist also ein sehr einfaches.

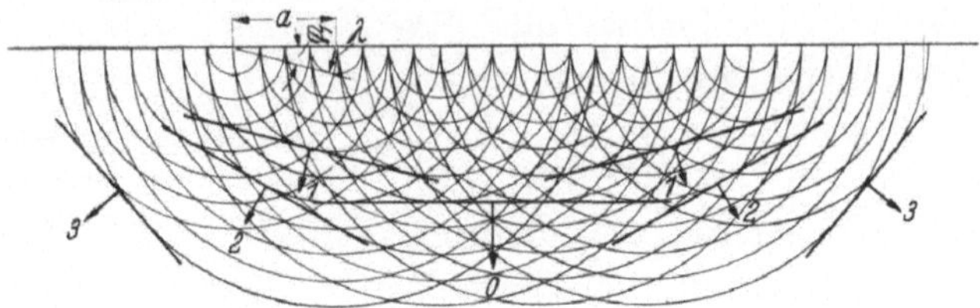

Abb. 54. Zur Beugung am Gitter.

Die Abb. 54 läßt auch erkennen, daß die Ablenkungswinkel der Teilbündel von der Wellenlänge und dem Abstand benachbarter Spalte a, der „Gitterkonstante", abhängen.

Für das Bündel 1 ist, wie man aus der Abbildung ersicht, $\sin \varphi_1 = \dfrac{\lambda}{a}$, für das Bündel 2 $\sin \varphi_2 = \dfrac{2\,\lambda}{a}$ usw. Das Licht wird also in solchen Richtungen φ vereinigt, für die der Gangunterschied der Elementarwellen benachbarter Öffnungen sich um eine, zwei, drei oder irgendeine ganze Zahl von Wellenlängen unterscheidet.

Man bezeichnet die verschiedenen Spaltbilder als Spektren 0-ter, erster, zweiter usw. Ordnung.

Für kurzwelliges blaues Licht liegen alle Spektren näher zusammen und näher am Spektrum 0-ter Ordnung als für rotes, weil die Wellenlänge und damit auch der Ablenkungswinkel kleiner ist[1]. Verwendet man weißes Licht, so entstehen deshalb ganze Spektralbänder, die die Spektralfarben von Violett über Blau, Grün und Gelb zu Rot mit stetigem Übergang zeigen. Das Rot ist am meisten abgelenkt. Das Violett des Spektrums dritter Ordnung überlagert sich bereits mit dem Rot des Spektrums zweiter Ordnung. Das Spektrum 0-ter Ordnung ist einfach

---

[1] In Abb. 53 sind die Spektra für rotes und blaues Licht der Deutlichkeit wegen untereinander gezeichnet.

ein weißes unzerlegtes Spaltbild, weil für alle Wellenlängen in dieser Richtung der Gangunterschied der gleiche, nämlich Null ist. Besteht das Licht aus einem Gemisch mehrerer homogener Wellen, so erhält man mehrere scharf begrenzte Spaltbilder, ein Linienspektrum, wie man sagt. Die Lage der einzelnen Spektrallinien gestattet sofort, aus der Größe des Ablenkungswinkels die Wellenlänge des betreffenden homogenen Lichtes zu ermitteln, wenn die Gitterkonstante bekannt ist.

Bei unserem Gitter beträgt z. B. $a = \frac{2}{1000} = \frac{1}{500}$ cm. Eine Wellenlänge von $8 \cdot 10^{-5}$ cm würde also in erster Ordnung um einen Winkel φ_1 abgelenkt, der sich aus $\sin \varphi_1 = 8 \cdot 10^{-5} \cdot 500 = 4 \cdot 10^{-2}$ zu $\varphi_1 = 2°\,18'$ ergibt. Eine Wellenlänge von $4 \cdot 10^{-5}$ wird dagegen um den kleineren Winkel von $1°\,9'$ abgelenkt. Das ganze Spektrum erster Ordnung von Rot bis Violett erstreckt sich also über etwa $1°$. Wenn das Beobachtungsfernrohr eine zehnfache Vergrößerung hat, erscheint es unter einem Winkel von $10°$, d. h. ebenso lang wie eine Strecke von 4 cm aus dem Abstand der deutlichen Sehweite (25 cm).

Je größer die Zahl der Spalte eines Gitters ist, um so genauer wird das Licht auf die bestimmten Richtungen beschränkt, die den Ordnungen entsprechen. Wenn daher das Licht z. B. aus zwei sehr nahe beieinanderliegenden homogenen Wellenlängen besteht, so wird man diese nur mit einem Gitter von genügend vielen Öffnungen trennen können. Für spektroskopische Zwecke ist das Gitter deshalb um so wirkungsvoller, je mehr Spalte es im ganzen besitzt und je höher die Ordnung des Spektrums ist. Die größten in Amerika zuerst von H. A. Rowland hergestellten Gitter haben bis zu 100 000 Striche auf einer Strecke von 15 cm. Meist sind sie nicht auf Glas, sondern auf Metall geritzt. Man benutzt dann das reflektierte Licht, das ebenso gebeugt wird wie das hindurchgehende bei Glasgittern. Hat die Metallfläche die Gestalt eines Hohlspiegels, so dient sie gleichzeitig dazu, die gebeugten Lichtbündel nachher zu Spaltbildern zu vereinigen. Auf diese Weise kann man jedes Glas auf dem Lichtweg vermeiden. Das ist für viele Zwecke sehr wichtig. Die großen Konkavgitter, die man für die feinsten spektroskopischen Arbeiten benutzt, erzeugen Spektren erster Ordnung von mehr als 1 m Länge. Die Spektren höherer Ordnung sind entsprechend noch länger. Das Spektrum wird gewöhnlich in einzelnen Teilen photographiert. Je kleiner der Abstand benachbarter Spalte, also die Gitterkonstante ist, um so größer ist die Länge des Spektrums, um so mehr ist das Licht in den Ordnungen nach der Seite abgelenkt. Wäre der Abstand der einzelnen Spalte gerade gleich der Wellenlänge des benutzten Lichtes oder noch kleiner, so würde nur das direkt durchgehende Licht zu beobachten sein. Die Ablenkung des Spektrums erster Ordnung würde bereits 90° betragen, also ganz nach der Seite abgelenkt sein. Das Gitter benimmt sich dann wie eine einfache durchsichtige Platte ohne jede Struktur. *Eine Teilung, die ebenso fein oder feiner ist als die Lichtwellenlänge, macht also ein Gitter als Vorrichtung zur Erzeugung von Spektren gewöhnlichen Lichtes unwirksam.* Wir können daraus zwei wichtige Schlüsse ziehen.

Aus der Tatsache z. B., daß eine Platte aus Steinsalz oder Bergkristall für Licht völlig durchlässig ist und keine Gitterspektren gibt, können wir nicht auf den Mangel einer regelmäßigen Gitterstruktur des Kristalls schließen. Wir können nur sagen, daß eine solche Struktur, falls sie vorhanden ist, eine Einteilung hat, die feiner ist als die Größe der Lichtwellenlänge.

Der zweite Schluß bezieht sich auf die Auflösungsgrenze eines Mikroskops. Falls ein in der Durchsicht unter dem Mikroskop beobachtetes Strichgitter eine so feine Teilung besitzt, daß die Striche näher aneinander sind als die Lichtwellenlänge, kommt das abgebeugte Licht überhaupt nicht mehr in das Mikroskopobjektiv hinein, sondern nur das unabgebeugte Bündel. Das eintretende Licht enthält daher überhaupt nichts, was es ermöglichte zu bemerken, daß es durch ein bestimmtes Gitter durchgegangen ist, und deshalb kann man auch, so stark man immer vergrößern mag, nichts von der Gitterstruktur im Mikroskop bemerken. Hieraus ersieht man, weshalb ein Mikroskop Strukturen dieser Feinheit nicht mehr erkennen läßt.

Wenn man durch das Gewebe eines Regenschirmes nach einer entfernten kleinen Lichtquelle blickt, sieht man eine sternartige regelmäßige Lichterscheinung, die ebenfalls die Spektralfarben zeigt. Sie entsteht auf ganz ähnliche Weise wie das Strichgitterspektrum, nur sind hier wegen der zweifachen Mannigfaltigkeit der regelmäßig angeordneten Öffnungen mehr Richtungen vorhanden, in denen durch Interferenz verstärkte Lichtwirkung entsteht.

Abb. 55 b zeigt solch ein Kreuzgitterspektrum mit den verschiedenen Ordnungen. Das Gitter war hier einfach ein quadratisches, wie beim Gewebe des Regenschirmes.

Eine quantitative Ausmessung des Spektrums von homogenem Licht bekannter Wellenlänge (Abb. 55a) ermöglicht es, die Gitterabstände genau zu ermitteln, ohne daß man nötig hat, das Gitter selbst z. B. im Mikroskop anzusehen. Man kann also auch das Spektrum als eine Art Abbildung des Gitters ansehen, die

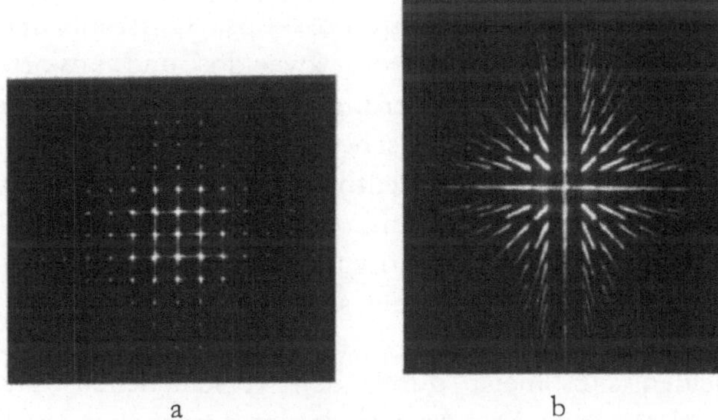

a   b

Abb. 55. Kreuzgitterspektrum: a mit einfarbigem, b mit weißem Licht.

dem Objekt allerdings im allgemeinen nicht gleich sieht, aus der es sich aber rekonstruieren läßt. E. Abbe bezeichnete solch eine Abbildung als primäre Abbildung.

Das Wesentliche an jedem Gitter ist die Regelmäßigkeit, in der die gleich großen Öffnungen angeordnet sind. Wird eine große Zahl kleiner, z. B. kreisförmiger Öffnungen, die ebenfalls genau gleich groß sind, völlig unregelmäßig auf einer Fläche verteilt, so liefern sie ein Beugungsbild, das genau so aussieht wie dasjenige einer einzigen kreisförmigen Öffnung, nur ist die Helligkeit viel größer. Auch kleine Kreisscheiben geben ein ähnliches Beugungsbild. So entstehen die Kränze um Sonne und Mond, wenn viele kleine Nebeltröpfchen in der Luft vorhanden sind. Die farbigen Beugungsringe sind aber meist recht verwaschen, weil der Winkel, unter dem wir den Mond sehen, ziemlich groß ist. Aus dem Winkeldurchmesser der Ringe kann man die Größe der Nebeltröpfchen ermitteln. Diese Kränze sind nicht zu verwechseln mit den größeren Höfen oder Halos, die durch Brechung in Eiskriställchen zustande kommen.

e) Das Mikroskop und das Phasenkontrastverfahren.

Im vorigen Absatz haben wir schon die Ursache angedeutet, weshalb ein Mikroskop Strukturen, die feiner sind als die Lichtwellenlänge, nicht mehr abzubilden vermag. Das vom Mikroskopobjektiv entworfene vergrößerte Bild des Objektes ist eine

Interferenzerscheinung, die um so objektähnlicher ist, je vollständiger das Objektiv die vom Objekt abgebeugten Strahlen aufzunehmen vermag. Je feiner die Struktur ist, um so schwerer ist das zu erreichen. Man kann mit dem leistungsfähigsten Mikroskopobjektiv zwei Objektpunkte noch getrennt abbilden, die mindestens etwa 2000 Å voneinander entfernt sind. Das ist das größte Auflösungsvermögen des Lichtmikroskops. Es ist aus dem gleichen Grunde wie beim Fernrohr zwecklos und unvorteilhaft, eine stärkere Gesamtvergrößerung anzuwenden als etwa eine 1000—2000fache, weil diese schon dem Auge alles zeigt, was bestenfalls im Mikroskopbild enthalten sein kann. Die meisten Viren, die Bakteriophagen und erst recht die Moleküle der Materie, auch die größten der organischen Chemie, sind so klein, daß sie im Lichtmikroskop nicht sichtbar sind.

Die verschiedenen Stellen eines mikroskopischen Objektes unterscheiden sich meist durch den verschiedenen Grad der Lichtdurchlässigkeit. Die Amplitude des durchgehenden Lichtes ist dann von Stelle zu Stelle verschieden, wodurch der Kontrast im Bilde entsteht. Es gibt aber auch Objekte, z. B. viele Bakterienkulturen, die so gut wie kein Licht absorbieren, sondern überall gleichmäßig durchsichtig sind. Sie besitzen dennoch eine Struktur, die durch Dickenunterschiede oder auch nur Unterschiede im Brechungsexponenten an den verschiedenen Stellen bedingt ist. Dann wird nur die *Phase*, nicht aber die Amplitude des Lichtes beim Durchgang an den verschiedenen Stellen verschieden stark verändert. Für unser Auge sind aber Phasenunterschiede nicht wahrnehmbar und deshalb bleibt ein derartiges Objekt im Mikroskop unsichtbar, auch wenn es hinlänglich groß ist. Solche Strukturen mußte man bisher färben, um sie sichtbar zu machen. Die einzelnen Teile des Objektes nehmen nämlich die Farbe verschieden stark an, so daß nunmehr ein kontrastreiches Bild entstehen kann. Die Färbung ist aber ein starker chemischer Eingriff, durch den meist eine Abtötung des Präparates bedingt wird. Hier hat eine geniale Erfindung der holländischen Forschers F. Zernicke, das sogenannte „Phasenkontrastverfahren", einen großen Fortschritt gebracht. Das gleichmäßig dicke und gleichmäßig durchsichtige Objekt (Abb. 56) habe an einer kleinen Stelle O eine etwas kleinere Dicke oder auch nur einen etwas kleineren Brechungsexponenten. Es werde mit parallelem Licht durchstrahlt. Das ganze Objekt läßt, weil es gleichmäßig durchlässig ist, die gleiche Amplitude A hindurch, die in Abb. 57a als senkrechter Pfeil von bestimmter Länge dargestellt sei. Dieses Licht geht praktisch ohne Beugung durch das Objekt hindurch, weil dessen Ausdehnung groß ist gegen die Wellenlänge und wird deshalb in der Brennebene F des Mikro-

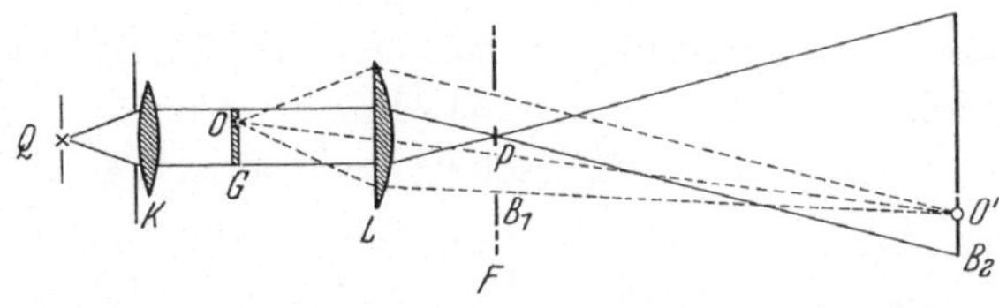

Abb. 56. Mikroskop mit Phasenkontrastverfahren.

skopobjektivs L praktisch durch einen Punkt P hindurchgehen. Nur das durch die kleine, dünnere Objektstelle O hindurchgehende Licht wird stark durch Beugung abgelenkt, weil diese Stelle in ihrer Größe vergleichbar mit der der Lichtwellenlänge sein soll, wie das etwa bei der Struktur eines Bakterienpräparates sicher der Fall ist. Dieses abgebeugte Licht erfüllt also einen großen Teil des Objektivs und auch der Aperturblende B in seiner Brennebene. Die Phase des abgebeugten Lichtes ist gegenüber der des unabgebeugten um einen kleinen Winkel φ voreilend, weil es das Präparat an einer dünneren Stelle passiert

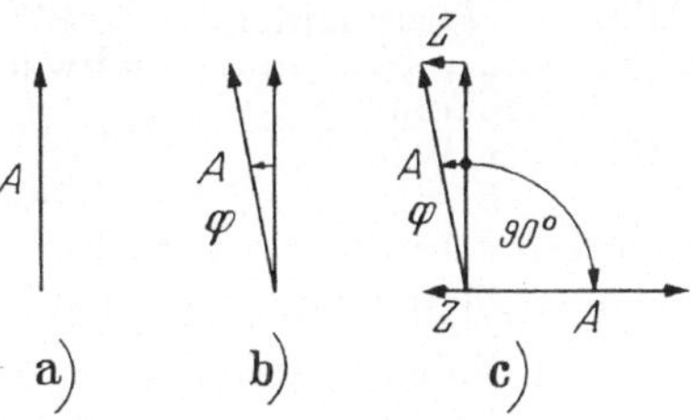

Abb. 57a—c. Zusammensetzung der Amplituden.

hat. Die Amplitude ist aber unverändert gleich A. Ein Voreilen der Phase stellen wir wie üblich durch eine kleine Drehung des Pfeiles um den Winkel φ gegen die Senkrechte nach links dar (Abb. 57b). Man kann diese Amplitude nach der Regel der Addition zweier Amplituden mit dem Phasenunterschied φ (S. 6) als dritte Seite eines Dreiecks darstellen, deren andere Seiten der senkrechte Pfeil A und der kleine nahezu waagrechte Pfeil Z sind. Wenn der Phasenwinkel nur hinlänglich klein ist, steht offenbar Z nahezu senkrecht auf A. Wir haben Z nochmals am Fuße des Pfeiles A eingetragen. Ein Bild ist also vorerst im Mikroskop noch nicht zu sehen, sondern nur eine allgemeine Helligkeit. Nun kommt der Kunstgriff: Wir bringen an der Stelle P ein dünnes durchsichtiges Plättchen an, dessen Dicke so bemessen ist, daß der optische Weg des unabgebeugten Lichtes um ein Viertel einer Wellenlänge vergrößert wird. Das ist gleichbedeutend mit einer Phasenverzögerung um 90°, die wir, als Verzögerung, durch eine Drehung des senkrechten Pfeiles A um 90° *im* Uhrzeigersinn darstellen müssen (Abb. 57c). Nach diesem Eingriff erscheint wie durch einen Zauber in der Bildebene an der Stelle O' ein gegen die Umgebung dunkel abgehobenes Abbild des Objektpunktes O. A ist nämlich jetzt parallel und entgegengesetzt zu Z, so daß die Amplitude an dieser Stelle $A - Z$, also kleiner als A ist und ebenso die Beleuchtungsstärke. Will man den Kontrast noch vergrößern, so muß das Phasenplättchen das unabgebeugte Licht zusätzlich noch passend abschwächen, so daß A und Z einander möglichst gleich werden. Ein wirkliches Präparat wird natürlich viele derartige differenzierte Stellen enthalten, die nun alle mehr oder weniger kontrastreich im Bilde erscheinen. Durch das Plättchen wird also erreicht, daß dünnere Stellen dunkel und dickere hell abgebildet werden. Mit geeigneten Phasenplättchen kann man auch das Umgekehrte erzielen. Abb. 58 zeigt, wie ein Phasengitter, das durchwegs gleich durchsichtig ist, aber aus abwechselnd dicken und dünneren Streifen besteht, im gewöhnlichen Mikroskop erscheint. Man sieht fast nichts von dem Gitter, nur die Grenzen zwischen den Streifen sind als dünne Striche leicht angedeutet. Darunter ist die Abbildung im Phasenkontrastverfahren gezeigt. Das Bild besteht aus abwechselnd hellen und dunklen Streifen. Das Phasenkontrastverfahren hat neuerdings eine große Bedeutung für die Biologie erlangt, weil das Präparat dabei nicht geschädigt wird. Es ist z. B. auf diese Weise gelungen, die Reifeteilung der

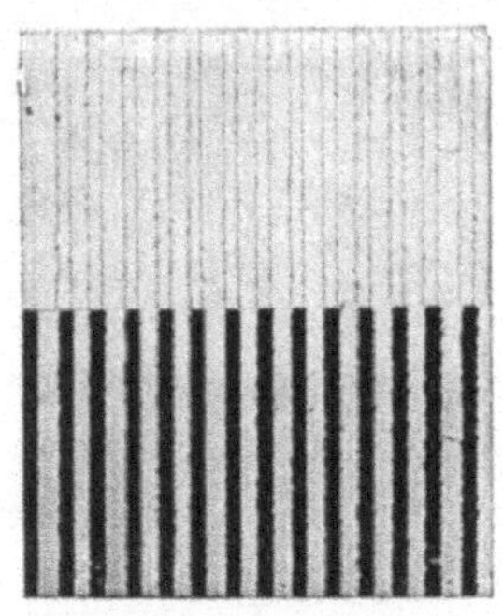

Abb. 58. Phasengitter, unten ohne, oben mit Phasenkontrast. (Nach H. Wolter.)

Samenzellen einer Heuschrecke unter dem Mikroskop zu verfolgen und Zeitrafferaufnahmen davon zu machen.

f) Verschärfung der Interferenzstreifen und zwei Anwendungen.

Die Interferenzerscheinung bei der Beugung an zwei Spalten (Abb. 45) ist ziemlich unscharf. Bei einem Gitter mit vielen Spalten aber ist das Licht genau auf wenige Richtungen, die der Ordnungen, konzentriert und man erhält daher mit einfarbigem Licht scharfe Interferenzmaxima auf dunklem Grund. Dies macht, wie wir sehen, das Beugungsgitter zu einem vorzüglichen Spektralapparat. Es ist möglich, eine große Verschärfung der Interferenzstreifen auch auf eine etwas andere Weise zu erreichen.

1. Das Interferenzspektroskop von Ch. Fabry und A. Perot.

Zwei genau ebene un deinander parallel gestellte Glasplatten (Abb. 59), die an der Innenseite schwach durchlässig versilbert sind, ergeben einen hochauflösenden Spektralapparat, der mit den besten Beugungsgittern wetteifern kann. Man verwendet hierbei keinen Spalt, sondern eine ausgedehnte Lichtquelle L und wir wollen annehmen, daß das von ihr ausgehende Licht beispielsweise nur zwei sehr wenig voneinander verschiedene Wellenlängen enthalten mag, die man mit einem gewöhnlichen Prismenapparat nicht trennen kann, weil sie sich zu wenig unterscheiden. Das Licht geht von jedem Punkt der Lichtquelle z. B. A, B oder O in

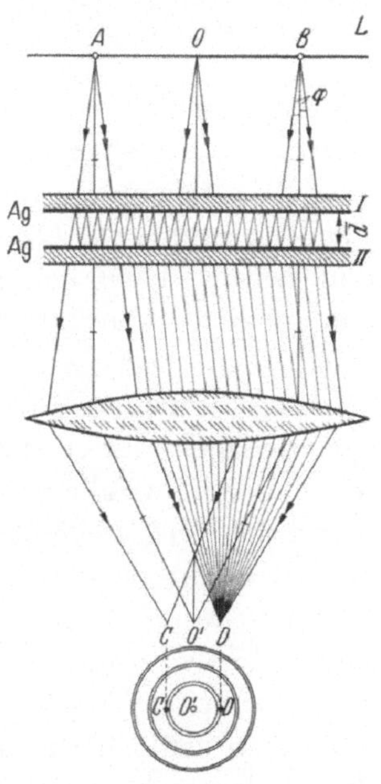

Abb. 59.
Zum Fabry- u. Perot-Interferenzspektroskop.

allen möglichen Richtungen aus. In der Abbildung sind nur drei Richtungen angedeutet, die senkrechte und zwei um den gleichen Winkel φ nach entgegengesetzten Seiten geneigte. Zwischen den

Glasplatten, die wegen der Versilberung gut reflektieren, ist eine planparallele Luftschicht der Dicke d eingeschlossen und innerhalb dieser wird das Licht hin und her reflektiert, so daß hinter der Platte zahlreiche Lichtstrahlen austreten, die paarweise immer den gleichen Gangunterschied haben. Bei dem nach rechts geneigten Bündel ist diese Aufspaltung in der Abbildung angedeutet. Durch eine Linse werden alle diese Strahlen im Punkte D in der Brennebene vereinigt. Der Gangunterschied Δ benachbarter Strahlen ist, wie aus Abb. 60 ersichtlich, durch die Größe des Einfallswinkels und des Plattenabstands gegeben und möge in unserem Falle gerade ein ganzes Vielfaches der Wellenlänge sein. Wenn der Abstand d verhältnismäßig groß ist, beträgt der Gangunterschied sehr viele Wellenlängen. Ist etwa d gleich 1 mm und die Wellenlänge 5000 Å, so beträgt dieser Gangunterschied 4000 Wellenlängen. Wirken etwa 40 durch die Reflexion entstandene Strahlen in D zusammen, so werden sich alle verstärken und es wird Helligkeit in diesem Punkte entstehen, die scharf auf eine Stelle konzentriert ist[1]. Diese Schärfe ist so groß wie bei einem optischen Gitter in erster Ordnung, das im Ganzen 160000 Öffnungen hat. Die großen Rowlandgitter besitzen, wie wir sahen, nur etwa 100000 Spalte. Unser Apparat wäre also schon in diesem Falle etwa so leistungsfähig wie ein großes Gitter. Wenn die zwei Wellenlängen, die im Lichte enthalten sind, sich nur etwa um den hunderttausendsten Teil ihres Betrages unterscheiden, werden schon zwei getrennte helle Punkte in D auftreten. Da die Anordnung um die Achse $O\,O'$ rotationssymmetrisch ist, entstehen in Wirklichkeit helle Interferenzringe, die außerordentlich viel schärfer sind als bei zwei unversilberten Platten. Zwei oder mehr sehr nahe beieinander liegende Wellenlängen ergeben deshalb doppelte oder mehrfache helle Ringe auf dunklem Grund. Das ist in der Abb. 59 unten angedeutet, aber der Einfachheit wegen dunkel auf hellem Grund. Dieser von Fabry und Perot erfundene Interferenzapparat ist sehr viel einfacher zu handhaben als ein großes Gitter und hat zu sehr genauen

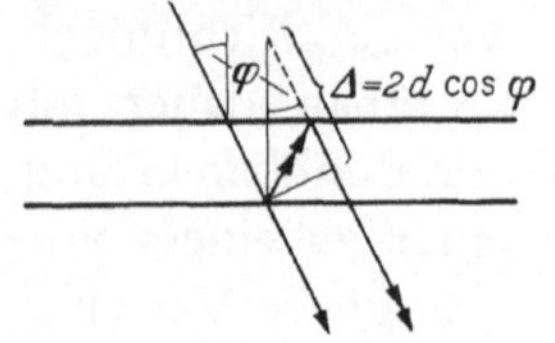

Abb. 60. Erklärung zum Gangunterschied.

Siehe Anm. S. 56

relativen Wellenlängenmessungen gedient. Das von manchen
Atomen ausgesandte homogene Licht enthält in Wirklichkeit mehrere sehr eng benachbarte Wellenlängen. Diese sog. „Hyperfein-
struktur", die mit dem beschriebenen Instrument untersucht werden kann, ist für theoretische Fragen des Atomismus von Interesse.

2. Die Ermittlung der Größe des Glimmermoleküls.

Die Verschärfung von Interferenzen hat neuerdings zu einer
überraschenden Anwendung geführt. Der Glimmer läßt sich in
sehr dünne Lamellen spalten, und man kann sich die Frage vor-
legen, wie dick das dünnste Glimmerhäutchen ist, das man so
erhalten kann oder mit anderen
Worten, wie groß das Glimmer-
molekül ist. Man kennt heute
die Zusammensetzung und den
Kristallaufbau des Glimmers. Er
besteht aus einer komplizierten
Gruppierung von Atomen des Sili-
ciums, Sauerstoffs, Aluminiums
und Kaliums. Die Oberfläche
eines abgespaltenen Glimmer-

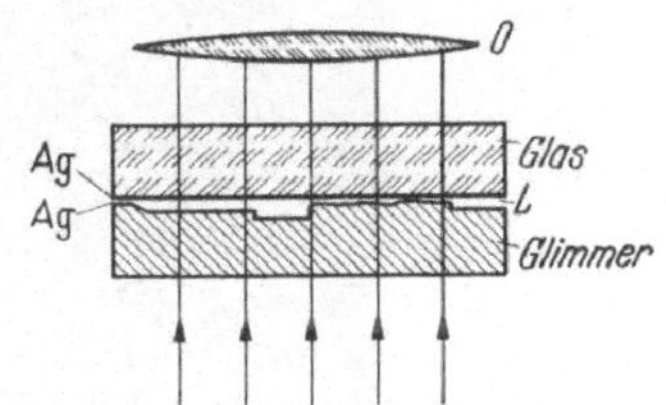

Abb. 61. Messung dünnster
Glimmerschichten.
(Nach S. Tolansky.)

blattes ist spiegelblank und mehr oder weniger wellig. Man kann
ferner mit einiger Mühe mit bloßem Auge oft längere gerade Linien
darauf entdecken, die offenbar dadurch entstanden sind, daß
beim Spalten verschieden dicke Spaltstücke abgesprungen sind
und sich Stufen gebildet haben. Versilbert man eine solche Oberfläche schwachdurchlässig und legt eine ebenfalls schwachdurchlässig versilberte plane Glasplatte mit der Silberschicht auf den
Glimmer, so entsteht zwischen den Silberschichten wieder eine
Luftschicht, aber diesmal von ungleicher Dicke d (Abb. 61). Ein
paralleles Lichtbündel homogenen Lichtes möge diese Anordnung
senkrecht durchstrahlen, wobei wieder innerhalb der Luftschicht
viele Reflexionen erfolgen und eine Aufspaltung in zahlreiche
Strahlen stattfindet. Diese Strahlen werden sich nur dann durch
Interferenz verstärken, wenn an einer Stelle der Luftschicht der
Gangunterschied, der in diesem Falle einfach $2d$ ist, gleich einer
ganzen Zahl von Wellenlängen des einfallenden Lichtes ist.
In einem Mikroskop, das auf die Oberfläche der Luftschicht

eingestellt ist, sieht man dann ein wundervolles Bild (Abb. 62).
Die hellen und scharfen Interferenzlinien verbinden Punkte
gleicher Dicke der Luftschicht und von einer Linie zur nächsten
ist die Dicke um eine halbe Wellenlänge verändert. So stellen
also diese Linien Höhenlinien des Oberflächengebirges dar, wie
wir sie von den Gebirgskarten her kennen. Sie lassen Gipfel

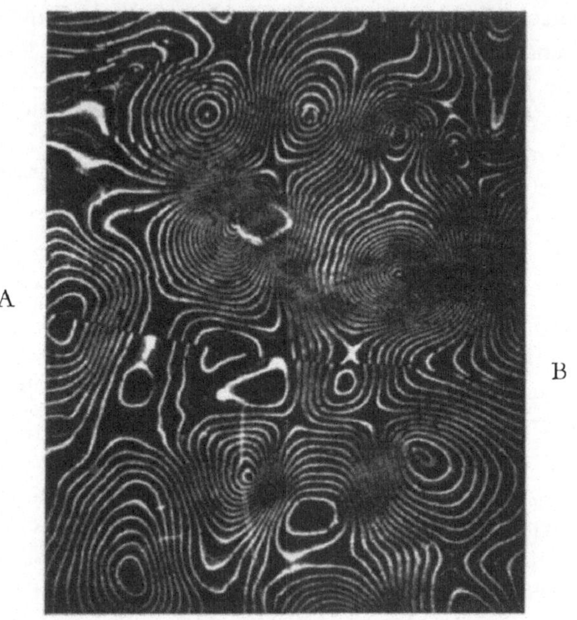

Abb. 62. Höhenlinien einer Glimmeroberfläche u. Stufe A — B.
(Nach S. Tolansky.)

und Täler erkennen. Die Gipfel können allerdings auch Krater
sein, aber auch diese Frage läßt sich leicht entscheiden. Der
Gipfel in der linken oberen Ecke des Bildes ist, wie man durch
Abzählen der Höhenlinien findet, z. B. etwa zehn halbe Wellenlängen hoch. Mitten durch das Bild zieht sich eine der erwähnten
Stufen ($A\,B$) von links oben nach rechts unten. Die Höhenlinien
brechen hier plötzlich ab, um dann etwas verschoben wieder neu
zu beginnen. Aus dieser Verschiebung kann man die Höhe der
Stufe sehr genau ermitteln, nämlich mit einer Genauigkeit von

$^1/_{1000}$ der Wellenlänge. Noch deutlicher ist eine Stufe auf Abb. 63 zu sehen. Durch Ausmessen einer großen Anzahl derartiger Stufen ergab sich, daß die Höhe aller Glimmerstufen ganze Vielfache von 20 Å beträgt. Man muß daraus schließen, daß die

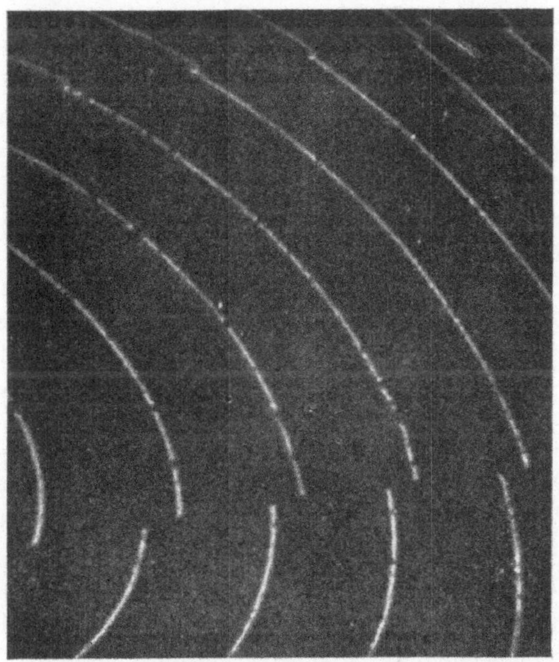

Abb. 63. Stufe auf einer Glimmeroberfläche.
(Nach S. Tolansky.)

dünnste mögliche Glimmerschicht oder die Größe des Glimmermoleküls 20 Å beträgt.

Das Erstaunliche an dieser Messung ist, daß es möglich ist, auf so einfache Weise Längen von molekularen Dimensionen mit einem einfachen Mikroskop zu bestimmen, obwohl diese Größe weit kleiner ist als das Auflösungsvermögen des Mikroskops. Das hier am Beispiel des Glimmers geschilderte Verfahren ist von S. Tolansky entwickelt worden und hat in seinen verschiedenen Abarten zu zahlreichen Anwendungen bei der Messung sehr kleiner Längen geführt.

VII. Polarisation und Doppelbrechung.

a) Polarisation des Lichtes.

Interferenz, Beugung und Brechung können wir bei Schallwellen gleichermaßen wie bei Wellen auf der Oberfläche des Wassers beobachten. Erstere sind Längswellen, letztere eine Art Querwellen. Wenn wir entscheiden wollen, ob die Lichtwellen Längs- oder Querwellen sind, müssen wir zunächst ein eindeutiges Kennzeichen angeben, durch das sich diese beiden Arten von Wellen unterscheiden.

Bei Längswellen können wir keine Ebene, in der die Fortpflanzungsrichtung oder die Strahlrichtung liegt, angeben, die vor anderen irgendwie ausgezeichnet ist, weil die Verschiebungen stets in der Fortpflanzungsrichtung erfolgen. Bei Querwellen dagegen, bei denen die Verschiebungen senkrecht zur Fortpflanzungsrichtung erfolgen, gibt es eine solche ausgezeichnete Ebene. Es ist diejenige, in der die Verschiebungen stattfinden; in Abb. 64 die Ebene des Papiers a oder die darauf senkrechte b.

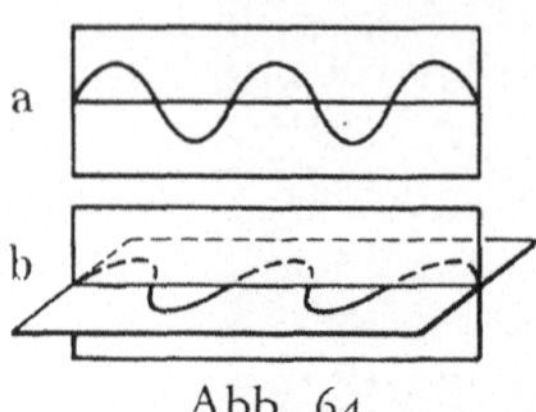

Abb. 64.
Zur Transversalwelle.

Wir werden sehen, daß gewöhnliches Licht zwar keine solche Richtungseigenschaft senkrecht zur Fortpflanzungsrichtung zeigt, daß man aber daraus dennoch nicht schließen darf, daß Lichtwellen Längswellen sind. Die Richtungseigenschaft, die das Licht als Querwellen kennzeichnet, ist gewissermaßen nur verborgen, und die Natur selbst hat uns verschiedene Hilfsmittel in die Hand gegeben, um sie zu entdecken.

In Mineralhandlungen kann man einen Glimmer erhalten, der so glänzend aussieht wie ein Stück Metall. Im Volksmund heißt er „Katzensilber". Solch eine Glimmerplatte von etwa 1 mm Dicke ist auch fast völlig undurchsichtig, aber in einer ganz eigenartigen Weise. Wenn das Licht senkrecht auf die Platte auffällt, ist sie nahezu undurchsichtig. Dreht man die Platte in eine schräge Lage zum Licht, so daß der Einfallswinkel etwa $57°$ beträgt, so wird sie plötzlich durchsichtig. Dreht man noch weiter, so wird sie wieder undurchsichtig (Abb. 65). Aus solch einem Glimmer spalten wir nun leicht zwei Plättchen von einigen

Zehntel Millimeter Dicke und schneiden sie zu Rechtecken von
2,5 × 4,7 cm. Dann kleben wir ein rechteckiges Kästchen aus
schwarzer Pappe ohne Deckel und Boden von 5 cm Länge und
2,5 cm Breite und Höhe und bringen eines der Glimmerblätt-
chen G schräg in dem Kästchen an, so daß die Längsachse des
Kästchens mit dem Lot auf die Glimmerplatte einen Winkel
von 57,5° bildet. Bei den an-
gegebenen Maßen ergibt sich
der Winkel von selbst. Wir

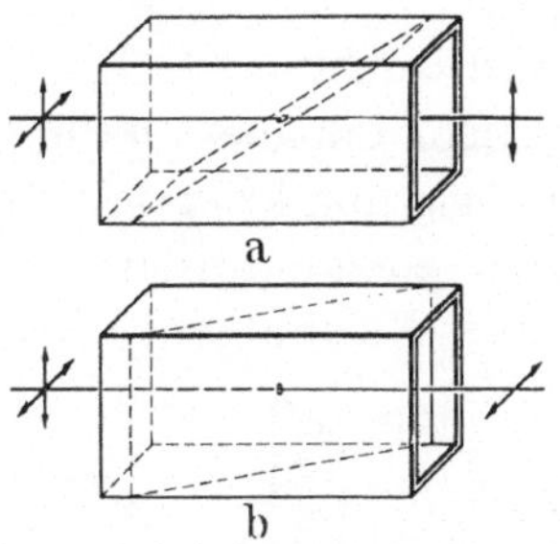

a

b

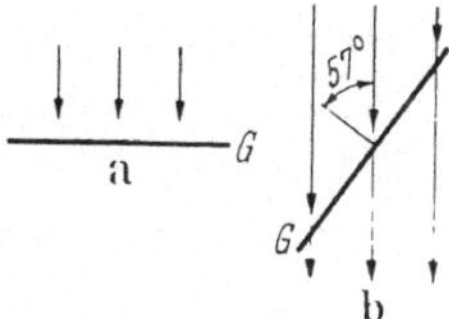

Abb. 65. Zur Durchlässigkeit eines
metallisch glänzenden Glimmer-
plättchens (Katzensilber) für Licht.

Abb. 66. Ein einfacher Polarisa-
tionsapparat mit Glimmer-
plättchen. (Siehe Text.)

brauchen noch ein zweites ganz gleiches Kästchen, in dem wir
die zweite Glimmerplatte unterbringen.

Blickt man durch solch ein Kästchen in der Längsrichtung,
z. B. nach der Sonne, so kann man sie hell sehen, und die Helligkeit bleibt unverändert, wenn man es um die Längsrichtung als
Achse dreht. Blickt man durch beide Kästchen hintereinander
nach der Sonne, so kann man sie noch hell sehen, wenn die
Kästchen beide so gerichtet sind wie in Abb. 66a. Dreht man
aber eines der Kästchen um einen rechten Winkel um die Achse
in die Stellung Abb. 66b, so sieht man kein Licht mehr. Die
Anordnung ist nahezu völlig undurchsichtig geworden. Im
ersten Falle sagt man, die Kästchen stehen parallel, im zweiten
Falle, sie stehen gekreuzt.

Dieser merkwürdige und einfache Versuch, den jeder leicht
ausführen kann, beweist erstens, daß das Licht nach dem Durchgang durch das erste Kästchen kein gewöhnliches Licht mehr ist.
Man sagt, es ist *linear polarisiert* und nennt das Kästchen einen
Polarisator, das zweite einen Analysator. Das Licht hat durch den
Polarisator eine Richtungseigenschaft senkrecht zur Fortpflanzungsrichtung erhalten. Daraus erkennen wir zweitens, daß

die Lichtwellen Querwellen sind. Da solch ein polarisiertes Licht nämlich grundsätzlich ganz die gleichen Eigenschaften hat wie gewöhnliches Licht, und wir mit dem Auge allein, ohne das zweite Kästchen, den Analysator, überhaupt keinen Unterschied zwischen gewöhnlichem und polarisiertem Licht bemerken, schließen wir, daß auch gewöhnliches Licht aus Querwellen besteht.

Man braucht gar nichts über das Geheimnis unserer Kästchen zu wissen, um diese Folgerungen zu ziehen. An Schallwellen kann man mit keinerlei Hilfsmitteln derartige Richtungseigenschaften zutage fördern. Da wir am polarisierten Licht die gesuchte Richtungseigenschaft entdeckt haben, schließen wir weiter, daß polarisierte Lichtwellen eine ausgezeichnete Ebene besitzen, in der die Schwingungen erfolgen. Unsere Versuche sagen uns nichts darüber aus, ob die Lichtschwingungen, nachdem gewöhnliches Licht das erste Kästchen z. B. in der Stellung *a* durchlaufen hat, in der Ebene der

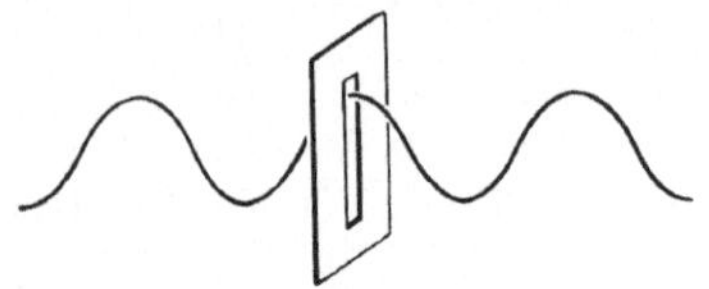

Abb. 67. Schwingungen eines durch einen Schlitz gesteckten Seiles.

Zeichnung erfolgen oder senkrecht dazu. Die Meinungen über diese Frage waren auch lange geteilt. Heute weiß man, daß die für alle Lichtwirkungen maßgebenden Schwingungen in dem angeführten Falle in der Papierebene vor sich gehen. Hat das Kästchen die Stellung *b*, so erfolgen sie also senkrecht zur Papierebene. Da man einem Kästchen allein eine ganz beliebige Winkelstellung erteilen und dadurch die Ebene, in der die Schwingungen des Lichtes erfolgen, ebenfalls um die Strahlrichtung herumdrehen kann, ohne daß sich irgend etwas an der Helligkeit ändert, müssen wir weiter schließen, daß im gewöhnlichen Licht Wellen aller möglichen Schwingungsrichtungen enthalten sind und unser Kästchen je nach seiner Stellung nur eine bestimmte Schwingungsrichtung hindurchläßt, ähnlich wie ein langer Schlitz in einem Schirm nur solche Wellen eines hindurchgesteckten Seiles durchläßt, deren Schwingungen in der Schlitzrichtung erfolgen (Abb. 67). Es ist nicht gut möglich, sich vorzustellen, daß an einer Stelle der Lichtwelle des gewöhnlichen Lichtes Schwingungen gleichzeitig

in allen möglichen Richtungen stattfinden. Man kann sich aber
sehr wohl vorstellen, daß die Schwingungsrichtung im unpolari-
sierten Licht in sehr kurzen Zeitabständen dauernd unregelmäßig
wechselt. Wir haben schon gesehen, daß die größte Zahl unge-
störter Schwingungen, die wir beim Lichte überhaupt kennen,
höchstens einige Millionen beträgt, und deren Aussendung eine
Zeit von nur ungefähr einer dreihundertmillionstel Sekunde
erfordert. Spätestens nach einer so kurzen Zeit setzt ein neuer
unabhängiger Lichtvorgang ein,
dessen Schwingungsrichtung eine
vom vorherigen im allgemeinen
ganz verschiedene sein wird.
Zeiten, in denen wir etwas beobachten können, sind viel länger
und betragen vielleicht $^1/_{10}$ bis $^1/_{100}$
sec. Deshalb ist es unmöglich, ein
zeitliches Nacheinander der verschiedenen Schwingungsrichtungen im gewöhnlichen Licht von
einem örtlichen Nebeneinander zu
unterscheiden. Aus dem Gesagten
können wir schon entnehmen,
daß 2 senkrecht zueinander polarisierte Lichtwellen niemals miteinander interferieren können.

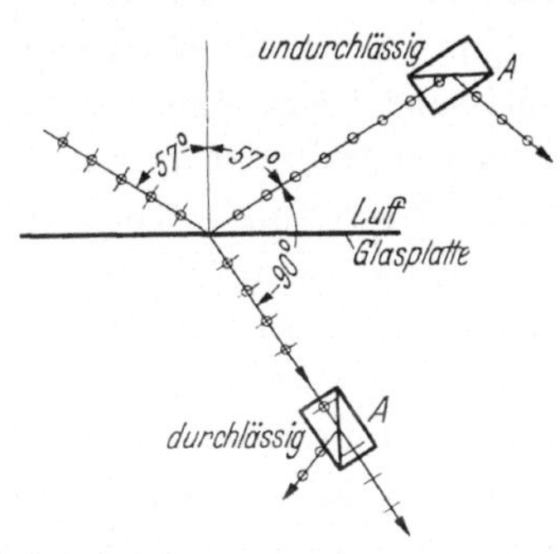

Abb. 68. Polarisation durch
Reflexion und Brechung.

Unser Glimmerkästchen versetzt uns in die Lage, zu untersuchen, ob in der Natur sonst noch irgendwo polarisiertes
Licht zu finden ist und in welcher Richtung jeweils die Schwingungen erfolgen.

Wenn wir Sonnenlicht z. B. von einer Glasplatte unter einem
Winkel von nahezu 57° reflektieren lassen, so erweist es sich als
vollständig polarisiert (Abb. 68). Bei anderen Einfallswinkeln
ist die Polarisation keine vollständige. Die Schwingungen
erfolgen senkrecht auf der Einfallsebene, die in der Abbildung
mit der Papierebene zusammenfällt. Der Winkel von 57° heißt
der Polarisationswinkel des Glases. Fällt ein Lichtbündel unter
dem Polarisationswinkel ein, so steht das gebrochene Lichtbündel, wie zuerst Brewster feststellte, genau senkrecht auf
dem reflektierten.

Aus dem Brechungsgesetz folgt, wenn wieder α der Einfallswinkel und β der Brechungswinkel ist, $\dfrac{\sin\alpha}{\sin\beta} = n$. Ferner ist, weil der reflektierte und gebrochene Strahl aufeinander senkrecht stehen, $\sin\beta = \cos\alpha$. Folglich ist der Polarisationswinkel α durch die Gleichung $\tan\alpha = n$ bestimmt, wo n der Brechungsexponent ist. Der Polarisationswinkel ist also vom Material und auch etwas von der Wellenlänge abhängig.

Für eine Glassorte mit dem Brechungsexponenten 1,54 wird der Polarisationswinkel $\alpha = 57°$. Wasser hat den Brechungsexponenten 1,33, und der Polarisationswinkel ist dann nahezu 53°.

Untersucht man das gebrochene, durch die Glasplatte hindurchgelassene Licht mit unserem Analysator, so findet man, daß es stets nur teilweise polarisiert ist. Bei keiner Stellung des Kästchens bekommen wir völlige Dunkelheit. Wir finden ferner, daß die Schwingungen des polarisierten Anteils in der Einfallsebene, also senkrecht zu denen des reflektierten Lichtes erfolgen.

Eine solche Glasplatte, auf die natürliches Licht unter dem Polarisationswinkel auffällt, reflektiert 14% dieses Lichtes als polarisiertes, senkrecht zur Einfallsebene schwingendes Licht. 86% des Lichtes werden durchgelassen, und zwar 72% des einfallenden Lichtes als natürliches Licht und 14% als polarisiertes, wobei die Schwingungen in der Einfallsebene erfolgen. Die Intensität des polarisierten Lichtes ist also im reflektierten und durchgehenden Licht die gleiche, wie es sein muß, da das einfallende Licht unpolarisiert war. Wir setzen dabei stets voraus, daß die Glasplatte vollständig durchsichtig ist.

Legt man eine ganze Staffel derartiger Glasplatten aufeinander und läßt gewöhnliches Licht unter dem Polarisationswinkel auffallen, so wird an jeder Grenzfläche immer mehr von dem senkrecht zur Einfallsrichtung schwingenden Lichtanteil reflektiert, während der in der Einfallsebene schwingende Anteil ganz hindurchgeht. Ist also die Zahl der Glasplatten sehr groß, so wird schließlich praktisch die Hälfte allen Lichtes als polarisiertes Licht reflektiert, die andere Hälfte als senkrecht dazu polarisiertes durchgelassen. Man kann deshalb solch einen Plattensatz im durchgehenden Licht als Polarisator oder Analysator verwenden.

Es ist nun noch wichtig, folgendes einzusehen:

Wenn auf einen Plattensatz, der aus sehr vielen Platten besteht, natürliches Licht unter einem Winkel auffällt, der *nicht* gleich dem Polarisationswinkel ist, so reflektiert er praktisch alles Licht und läßt gar kein Licht mehr hindurch. Weil nämlich jetzt an der Oberfläche etwas von dem Licht beider Schwingungsrichtungen reflektiert wird, muß bei genügend vielen Reflexionen schließlich alles Licht im reflektierten Licht enthalten sein, und dieses kann dann auch nicht mehr polarisiert sein. Solch ein Plattensatz aus sehr vielen Platten hat also ein sehr hohes Reflexionsvermögen, fast wie ein Metall, und ist fast undurchsichtig. Nur wenn das Licht genau unter dem Polarisationswinkel auffällt, wird er durchsichtig, so daß er 50% des Lichtes durchläßt und 50% reflektiert.

Gerade dieses merkwürdige Verhalten zeigt nun unser metallisch glänzender Glimmer. Der Einfallswinkel des Lichtes, bei dem er durchsichtig wird, ist sein Polarisationswinkel. Die einzelnen dünnen Glimmerschichten sind in solch einem Glimmer aufgeblättert. Es befindet sich Luft dazwischen. Die Platte ist also nichts weiter als ein Plattensatz aus vielen dünnen Glimmerplatten. Dies haben wir ausgenützt, als wir unseren Polarisator und Analysator daraus bauten. Es ist jetzt klar, warum die Kästchen in gekreuzter Stellung kein Licht durchlassen. Das Kästchen in der Stellung *a* erzeugt polarisiertes Licht, das in der Papierebene schwingt. Dieses Licht wird von der Glimmerplatte in der Stellung *b* vollständig reflektiert, also gar nicht hindurchgelassen.

Da wir in der Natur vielfach z. B. von Wasseroberflächen reflektiertes Licht zu sehen bekommen, ist teilweise polarisiertes Licht nicht etwas so Ungewöhnliches, wie der Leser vielleicht meint.

b) Doppelbrechung.

Die Polarisation des Lichtes ist erst von E. L. Malus im Jahre 1808 in Paris zufällig entdeckt worden, und zwar an dem Spiegelbild der untergehenden Sonne in den Fenstern des Palais Luxemburg. Aber schon mehr als hundert Jahre früher hatte der Däne Erasmus Bartholinus bei dem Durchgang von Licht durch große durchsichtige Kristalle isländischen Kalkspats (Kalziumkarbonat $CaCO_3$), die heute sehr selten und teuer sind, eine merkwürdige Erscheinung gefunden, die man als *Doppelbrechung* bezeichnet, und Huyghens hatte sie genau untersucht. Malus hat später gezeigt, daß der Kristall das Licht polarisiert. Der Kalkspat ist keineswegs der einzige Kristall, der diese Doppelbrechung zeigt, doch ist sie bei ihm besonders auffallend.

Ein natürliches Spaltstück eines Kalkspatkristalls mit, der Einfachheit wegen, lauter gleich langen Kanten zeigt Abb. 69 perspektivisch. Die Parallelogramme der 6 Flächen des Kristalls haben Winkel von 102° und 78°. Die Flächen sind unter einem Winkel von 105° und 75° gegeneinander geneigt. Es gibt zwei entgegengesetzte Ecken B und D, in denen alle drei aneinanderstoßenden Kanten Winkel von 102° miteinander bilden. Man kann durch diese beiden Ecken eine Verbindungsgerade legen. Die Richtung dieser Geraden hat eine besondere Bedeutung für die ganze Symmetrie des Kristalls. Man bezeichnet sie als Kristallachse. Ein Schnitt durch den Kristall, der durch eine der drei Kanten, die in stumpfen Winkeln zusammenstoßen, hindurchgeht und den Winkel zwischen den beiden anderen Kanten halbiert, heißt ein Hauptschnitt. Zum Beispiel ist A, B, C, D (Abb. 69)[1] ein Hauptschnitt. Die Achse liegt immer in der Ebene eines Hauptschnittes.

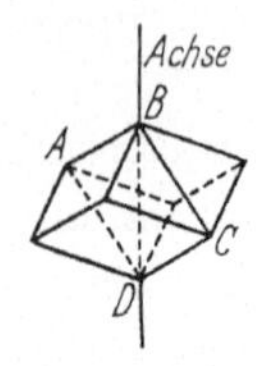

Abb. 69.
Kalkspatkristall.

Legt man ein natürliches Spaltstück mit einer seiner Flächen auf ein Stück schwarzes Papier, auf das man z. B. einen weißen Fleck gemacht hat, so sieht man den Fleck durch den Kristall verdoppelt (Abb. 70 a). Die beiden Bilder sind um so weiter getrennt, je dicker der Kristall ist. Diese merkwürdige Erscheinung heißt Doppelbrechung. Wenn man an einem Kalkspatkristall senkrecht zur Achse Flächen anschleift und in der Achsenrichtung durch den Kristall blickt, zeigt sich keine Doppelbrechung (Abb. 70 b). Der Kristall verhält sich dann wie ein gewöhnliches Stück Glas. Wie ein paralleles Lichtbündel, das senkrecht auf die natürliche Begrenzungsfläche des Kristalls auffällt, in zwei Bündel aufgespalten wird, zeigt Abb. 71. Das unabgelenkt durchgehende Lichtbündel (O) nennt man den

---

[1] Jede zu $B\,D$ parallele Richtung ist ebenfalls eine Achse, jeder zu $A\,B\,C\,D$ parallele Schnitt ebenfalls ein Hauptschnitt.

ordentlichen Strahl, weil er in Übereinstimmung mit den gewöhnlichen Brechungsgesetzen bei senkrechtem Einfall nicht gebrochen

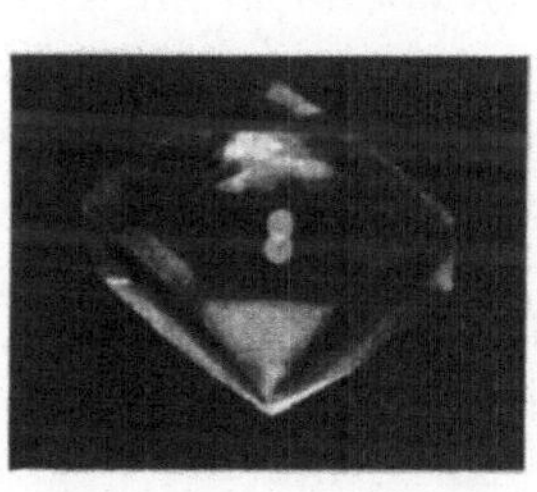

a   b

Abb. 70. a Doppelbrechung im Kalkspat (Blickrichtung senkrecht
zu einer natürlichen Kristallfläche). b Keine Doppelbrechung
(Blickrichtung parallel zur Hauptachse).

wird. Das abgelenkte Bündel (A) bezeichnet man als außerordentlichen Strahl, weil er dem gewöhnlichen Brechungsgesetz
nicht folgt, sonderm beim Eintritt in
den Kristall um einen Winkel von nahezu 10° seitlich abgelenkt wird, und zwar
in der Ebene des Hauptschnitts. Nach
dem Austritt verlaufen beide Bündel
wieder parallel. Wenn man das Licht
der beiden Bündel durch unser Glimmerkästchen betrachtet, findet man, daß
der ordentliche und außerordentliche
Strahl senkrecht zueinander polarisiert
sind. Im außerordentlichen Strahl verlaufen die Schwingungen in der Ebene
des Hauptschnittes, im ordentlichen in
einer dazu senkrechten Ebene. Die
beiden Strahlen unterscheiden sich *nur*
durch ihre Schwingungsrichtung relativ
zur Kristallorientierung und durch weiter nichts. Durch einen zweiten Kristall

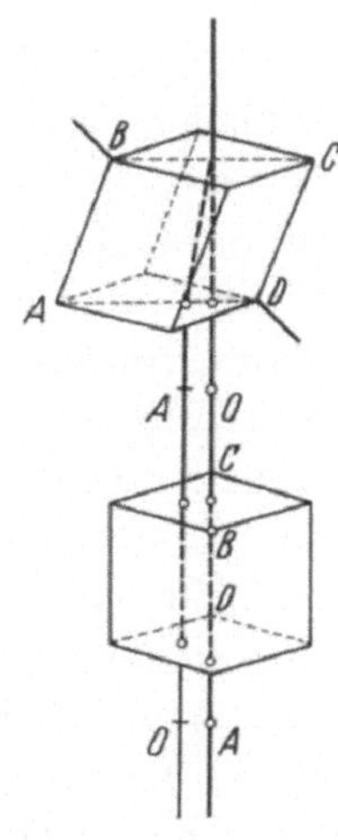

Abb. 71. Zur Doppel-
brechung und Polarisa-
tion im Kalkspat.

geht daher der ordentliche Strahl als außerordentlicher und der
außerordentliche als ordentlicher hindurch, wenn dieser zweite
Kristall um 90° gegen den ersten verdreht ist (Abb. 71 unten).

Das Zustandekommen der Doppelbrechung erklärt sich folgendermaßen: Polarisiertes Licht, dessen Schwingungen in der Ebene des Hauptschnittes erfolgen, also der außerordentliche Strahl, pflanzt sich in verschiedenen Richtungen im Kristall mit verschiedener Geschwindigkeit fort, während die Geschwindigkeit des ordentlichen Strahls in allen Richtungen die gleiche ist. Nur in der Achsenrichtung ist die Geschwindigkeit unabhängig vom Polarisationszustand und hat den kleinsten Wert. In allen Richtungen senkrecht zur Achse ist die Lichtgeschwindigkeit für den außerordentlichen Strahl am größten. Die Geschwindigkeit in anderen Richtungen liegt für den außerordentlichen Strahl zwischen diesem größten und dem kleinsten Wert, ist also stets größer als für den ordentlichen Strahl. Abb. 72 zeigt die Verhältnisse am klarsten. Wenn O irgendeine Stelle im Kristall ist, in der plötzlich eine Lichtwirkung entsteht, so ist das Licht der ordentlichen Welle einen

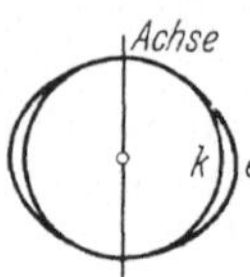

Abb. 72. Wellenflächen im Kalkspat (k ordentliche, e außerordentliche Welle).

Augenblick später auf die Oberfläche einer Kugel um O verteilt, genau wie bei der Lichtausbreitung in einem nicht kristallisierten Stoff. Das Licht der außerordentlichen Welle aber ist auf einem Umdrehungsellipsoid verteilt. Die große zur kleinen Achse des Ellipsoids, oder auch die größte Geschwindigkeit der Lichtausbreitung zur kleinsten, verhält sich nahezu wie $1:0{,}9$. Die Kugel und das Ellipsoid berühren sich in der Achsenrichtung.

Abb. 73 zeigt, wie die Doppelbrechung zustande kommt, wenn gewöhnliches Licht senkrecht auf die natürliche Fläche eines Kalkspatkristalls auffällt nach der Methode der Elementarwellen von Huyghens[1]. Für den ordentlichen Strahl ist die gemeinsame Berührungsfläche der Elementarwellen, die neue Wellenfront, eine Berührungsfläche von Kugelwellen. Die Richtung des Lichtes bleibt unverändert, genau wie bei senkrechtem Durchgang durch eine Glasplatte. Für den außerordentlichen Strahl bestehen die Elementarwellen aus Rotationsellipsoiden, deren Achsen parallel zur Kristallachse liegen. Die gemeinsame

[1] Man muß sich etwas in die Zeichnung hineindenken, um sie zu verstehen.

Berührungsfläche, also die Wellenfront, bewegt sich jetzt schräg zum Kristall (in der Zeichnung nach links). Die Fortpflanzungsrichtung des Lichtes, also die Strahlenrichtung im Kristall, steht nicht mehr senkrecht zur Wellenoberfläche, wie das bei nicht

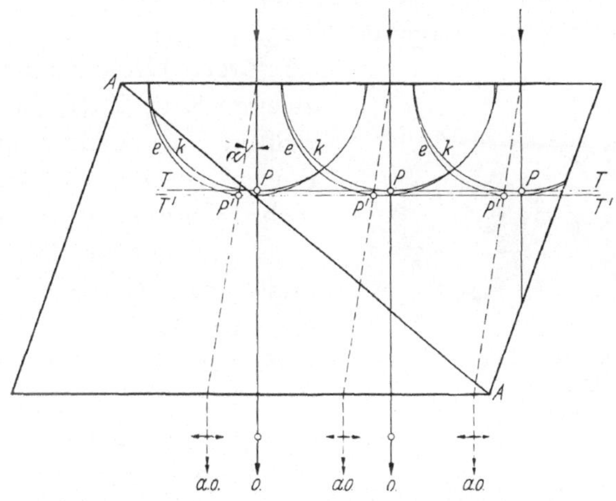

Abb. 73. Zustandekommen der Doppelbrechung nach Huyghens.

kristallinen Stoffen der Fall ist. Dadurch kommt die Abweichung vom Brechungsgesetz zustande.

Auf ähnliche Weise lassen sich, wie Huyghens fand, alle Einzelheiten beim Lichtdurchgang durch einen Kalkspatkristall quantitativ richtig deuten. Natürlich ist die Richtungsabhängigkeit der Lichtfortpflanzung durch die regelmäßige Anordnung der Ca-, C- und O-Atome im Kristall, von der auch die Kristallform abhängt, bestimmt. Man kennt heute diese Anordnung genau, und es hat sich gezeigt, daß in Schnitten senkrecht zur Kristallachse diese Anordnung die größte Symmetrie zeigt. Sie ähnelt der Symmetrie eines sechseckigen Maschwerks.

Obwohl wir nur die einfachsten Kunststücke aufgezeigt haben, die das Licht beim Durchgang durch Kristalle ausführen kann, wird mancher Leser doch finden, daß die Sache schon reichlich verwickelt ist.

Man kann auf verschiedene Art den einen der beiden polarisierten Strahlen, in die das Licht beim Durchgang durch einen Kalkspat aufgespalten wird, ablenken oder auf irgendeine Weise beseitigen. Das geht beim Kalkspat verhältnismäßig einfach, weil er die beiden Strahlen besonders weit voneinander trennt. Gewöhnliches Licht, das durch solch eine Vorrichtung, die man als Nicolsches Prisma bezeichnet, gegangen ist, ist dann linear polarisiert. Läßt man das so polarisierte Licht einen zweiten Kristall in gleicher Lage passieren, so geht es ungeschwächt hindurch. Dreht man aber den zweiten Kristall um die Einfallsrichtung des Lichtes als Achse um 90°, so geht das Licht nicht mehr hindurch. Nicolsche Prismen sind bessere Polarisatoren und Analysatoren als unsere Glimmerkästen.

Abb. 74. Künstlicher Polarisator, sog. „Bernotar", von Zeiß (nach Dr. M. Haase). Der linke und mittlere Polarisator sind parallel und das Licht geht hindurch, der mittlere und rechte sind gekreuzt und das Licht geht nicht hindurch.

Es gibt auch Kristalle, z. B. den Turmalin, die einen der beiden polarisierten Strahlen von selbst im Inneren stark schwächen oder ganz verschlucken. Diese Eigenschaft nennt man Dichroismus. Man hat künstliche Kristalle oder in einer Folie eingebettete orientierte Kriställchen, die einen starken Dichroismus zeigen, herzustellen gelernt und auf diese Weise einen sehr bequemen Ersatz für den seltenen und teuern Kalkspat erhalten (Abb. 74). Auch Folien aus Zellulosehydrat werden, wenn man sie dehnt, doppelbrechend. Durch Färbung mit geeigneten Farbstoffen können sie dann dichroitisch gemacht werden. Solche Polarisationsfolien, die unter dem Namen „Cellopolar" in den Handel kommen, lassen sich in beträchtlicher Größe herstellen und sind sehr gute Polarisatoren.

Für die Anwendung polarisierten Lichtes geben wir nur ein Beispiel: Doppelbrechende dünne Blättchen aus Glimmer oder Gips hellen, wenn man sie zwischen gekreuzte Polarisatoren bringt und mit parallelem weißem Licht durchstrahlt, das vorher dunkle Gesichtsfeld auf, so daß es in einer lebhaften Mischfarbe erscheint. Stellt man die Polarisatoren parallel, so schlägt die Farbe in die Komplementäre um. Im einfarbigen Licht wechselt

nur die Helligkeit. Die genaue Erklärung des Zustandekommens
der Interferenzerscheinung mit polarisiertem Licht, die nur bei
Doppelbrechung auftritt, ist etwas kompliziert und wir können
sie hier nicht im einzelnen erörtern. Merkwürdigerweise erweisen
sich in vielen Fällen auch Körper, die nicht kristallisiert sind,
z. B. Gläser als doppelbrechend in einer unregelmäßigen Art,

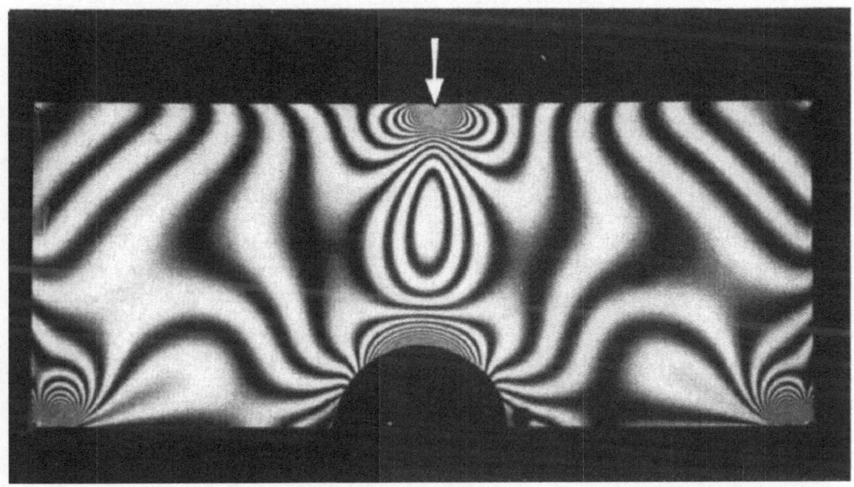

Abb. 75. Die Isochromaten im einseitig gekerbten Biegestab bei
Biegung durch Einzellast (Trolon als Modellwerkstoff).
(Nach L. Föppl.)

wenn man sie in der angegebenen Weise untersucht. Es treten
dann helle und dunkle, bei weißem Licht verschiedenfarbig
abschattierte Flecken und Streifen auf. Gläser, die für optische
Geräte verwendet werden, sollen möglichst frei von solch einer
Doppelbrechung sein, die durch innere elastische Spannungen
verursacht wird. Umgekehrt kann man den Zusammenhang
zwischen inneren Spannungen und Doppelbrechung benutzen,
um Platten, denen man irgendein technisch wichtiges Körper-
profil gibt, durch Belastung auf die dabei auftretenden inneren
Druck- oder Zugspannungen auf optischem Wege zu untersuchen.
Man verwendet meist ein durchsichtiges, spannungsfreies Kunstharz als Plattenmaterial, aus dem man die gewünschte Kontur
schneidet. Bei irgendeiner Belastung, die gerade von Interesse

ist, erscheint dann in der oben geschilderten Anordnung im monochromatischen Licht ein mehr oder weniger kompliziertes System von dunklen und hellen Interferenzstreifen, sogenannten „Isochromaten". Abb. 75 zeigt eine schöne Aufnahme nach L. Föppl, in der die Isochromaten eines Stabes aus dem Kunstharz „Trolon" zu sehen sind, der auf zwei Schneiden aufliegt, einseitig eine Kerbe hat und in der Mitte durch eine Einzellast verbogen wird. Aus dem Muster kann man quantitative Schlüsse auf den sog. „ebenen Spannungszustand" in dem Profil ziehen. Man bezeichnet dieses Verfahren als „Spannungsoptik". Es hat für technische Probleme der Festigkeit in neuerer Zeit eine große Bedeutung erlangt.

Young und vor allem Fresnel erkannten, daß die Lichtpolarisation ein Beweis für die Transversalität der Lichtwellen ist. Da man zu jener Zeit nur elastische Wellen in Stoffen kannte, elastische Querwellen aber nur in festen Körpern möglich sind, stieß man auf eine große begriffliche Schwierigkeit. In der Tat kann man sich nicht vorstellen, daß der ganze Weltraum von einem festen Stoff ausgefüllt ist, in dem dennoch die Bewegung der Himmelskörper ohne nachweisbare Hemmung vor sich geht. Glücklicherweise haben die Physiker sich durch solche Schwierigkeiten niemals einschüchtern lassen. Sie haben weiter geforscht und die Lösung der begrifflichen Schwierigkeiten der Zukunft überlassen. Hätten sie das nicht getan, so wäre die Physik in den Kinderschuhen steckengeblieben.

VIII. Lichtzerstreuung, trübe Stoffe und das Himmelsblau

Die in regelmäßigen Abständen angeordneten Öffnungen eines Gitters geben ein Beugungsspektrum, die regellos angeordneten Nebeltröpfchen, von unter sich gleicher Größe, farbige Höfe. Wenn die Nebeltröpfchen ungleiche Größe haben, liefern die kleinen Tröpfchen Höfe von großem, die großen Tröpfchen solche von kleinem Durchmesser. Alle diese Lichtgebilde überlagern sich, und es bleibt nur eine allgemeine Lichtzerstreuung übrig. Zu den Trübungen, die eine solche Zerstreuung des weißen Lichtes ohne irgendeine Farbwirkung geben, gehören die meisten weißen Wolken und Nebel. Ein großer Teil der gewöhnlichen Tagesbeleuchtung wird durch zerstreutes Licht hervorgerufen.

Wir nennen einen Körper weiß, wenn er weißes Licht völlig zerstreut. Auch ein mattweißer Anstrich von Zinkweiß z. B.

a

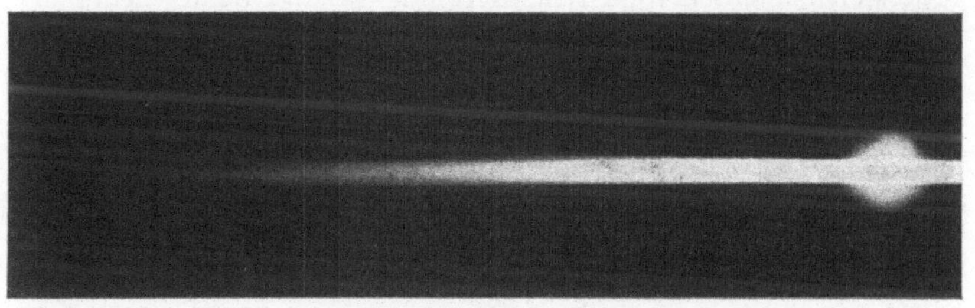

b

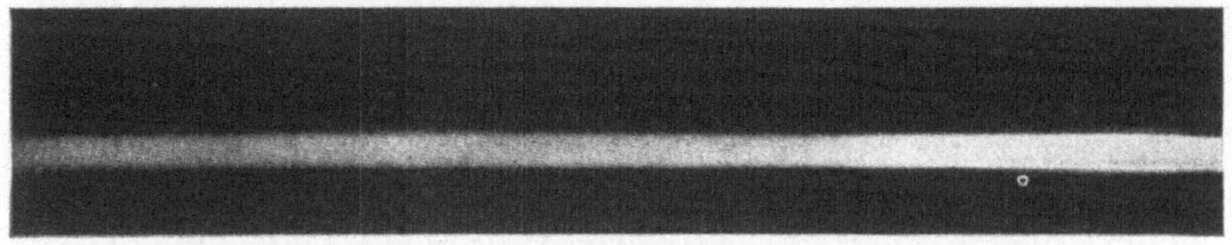

c

Abb. 76. Lichtzerstreuung durch polierte Metalloberflächen. (Nach G. Schmaltz.) a) Beste Politur: nur regelmäßige Reflexion; b) mittelgute Politur: Reflexion und Zerstreuung; c) schlechte Politur: starke Zerstreuung.

zerstreut fast alles auffallende Licht. Er reflektiert es nicht regelmäßig wie ein Spiegel, sondern strahlt es infolge der körnigen Struktur der Oberfläche nach allen möglichen Richtungen zurück. Auch eine Metallfläche muß eine sehr gute Politur besitzen, um bei senkrechtem Einfall alles Licht regelmäßig und fast keines diffus zu reflektieren. Ein Verfahren zur Prüfung der Güte der Politur beruht auf diesem Gedanken. Ein kleiner Bereich der zu prüfenden Oberfläche wird mit parallelem Licht beleuchtet. Die gesamte reflektierte Strahlung wird auf einem photographischen Film aufgenommen, der um die beleuchtete Fläche als Mittelpunkt gelegt wird. Abb. 76a, b, c zeigt das Ergebnis an drei Flächen verschieden hoher Politur.

Frisch gefallener Schnee sieht blendend weiß aus, obwohl die einzelnen Schneekriställchen durchsichtig sind. Der Vorgang der Zerstreuung geht hier auf etwas andere Weise vor sich. Zwischen den locker aufeinanderliegenden Eiskriställchen befindet sich Luft. Der allergrößte Teil des auffallenden Lichtes wird an den Grenzen von Kriställchen und Luft schon in den obersten Schichten total reflektiert und gelangt dann wieder in allen möglichen Richtungen an die Oberfläche. Aus diesem Grunde sieht der Schnee so weiß aus. Wenn Schmelzwetter eintritt, backt der Schnee zusammen. Die Lufteinschlüsse verschwinden größtenteils, und der Schnee ist dann nicht mehr weiß, sondern schmutziggrau. Auch fein zerriebenes Glaspulver sieht weiß aus. Auf ähnliche Weise wie beim Schnee kommt die Lichtzerstreuung auch bei weißen Blüten zustande.

Die Tröpfchen, aus denen die weißen Wolken und Nebel bestehen, sind alle so groß, daß man sie eben noch mit bloßem Auge, sicherlich aber mit dem Mikroskop sehen kann. Es gibt noch eine andere Art von trüben Stoffen, deren Teilchen *unter* der mikroskopischen Sichtbarkeit liegen. Sie sind also ungefähr so groß oder kleiner als die Lichtwellenlänge. Wir wissen schon, daß so kleine Teilchen, wenn sie vom Licht getroffen werden, zu Ausgangspunkten neuer elementarer Kugelwellen werden. Sie verhalten sich also so, als würden sie durch das einfallende Licht selbst zu punktförmigen Lichtquellen, die Licht von der gleichen Wellenlänge wie das einfallende nach allen Richtungen aussenden. Man kann die gleiche Erscheinung sehr schön an einer Wasserwelle beobachten, die über ein kleines Hindernis hinwegläuft (Abb. 77). Von dem Hindernis geht dann eine Kreiswelle aus. Ein Teil der Energie der ursprünglichen Welle wird dieser entzogen und nach allen Richtungen zerstreut. Wenn viele kleine streuende Teilchen sich im Wege des Lichtes befinden, wird dieses durch Zerstreuung beträchtlich geschwächt oder auch vollständig zerstreut. In einem vollkommen homogenen Mittel, wie es der materiefreie Raum ist, findet keine derartige Zerstreuung statt. Man kann dann das Licht nur sehen, wenn es auf direktem Wege ins Auge gelangt. Das Zodiakallicht, das man als matten Schein in Form einer Pyramide im Herbst lange vor Sonnenaufgang im Osten, im Frühling nach Sonnenuntergang im Westen wahrnehmen kann, wird vermutlich durch Streuung des Lichtes an kosmischem Staub in planetarischen Räumen verursacht. Daß im materiefreien Raum keine seitliche Lichtausbreitung wahrnehmbar ist, obwohl auch in diesem Falle jede von einer Lichtwelle überstrichene Stelle als Ausgangspunkt einer neuen Lichterregung angesehen werden kann, beruht, wie wir gesehen haben, darauf, daß alles seitliche Licht durch Interferenz vollständig ausgelöscht wird und nur die geradlinige

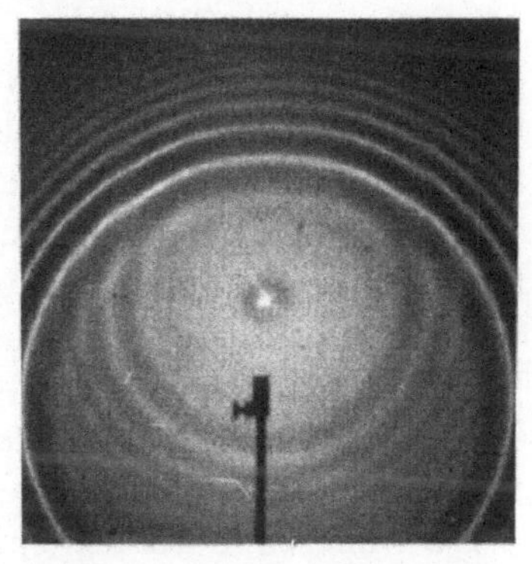

Abb. 77. Zerstreuung einer Wasserwelle durch ein kleines Hindernis. (Nach Pohl.)

Ausbreitung übrigbleibt. Ist das Mittel nicht mehr homogen, enthält es irgendwelche trübende Teilchen, so findet diese seitliche Auslöschung nicht vollständig statt, und wir sehen dann ein Lichtbündel auch von der Seite durch das gestreute Licht. Trübungen, die durch Teilchen verursacht sind, die klein im Vergleich mit der Größe der Lichtwellen sind, zeigen dabei eine besondere Eigentümlichkeit. Das gestreute Licht ist ausgesprochen bläulich und das hindurchgehende gelblich rot.

Läßt man ein Lichtbündel durch einen Glastrog hindurchgehen, der mit reinem Wasser stark verdünnte Milch enthält, so sieht das Bündel von der Seite gegen einen dunklen Hintergrund gesehen blau aus. Blickt man durch die Flüssigkeit nach der Lichtquelle, z. B. nach der Sonne, so sieht sie gelbrot aus. Jede Hausfrau weiß, daß mit Wasser verdünnte Milch einen „blauen Stich" bekommt. Man kann leicht eine ähnlich feine Trübung durch winzige Harzteilchen erhalten, wenn man etwas Kolophonium in Alkohol löst und einen Tropfen dieser Lösung in Wasser tropft. Der von einer glimmenden Zigarette aufsteigende, aus sehr kleinen Teilchen bestehende Rauch sieht bei seitlicher Beleuchtung vor einem dunklen Hintergrund blau aus. Wird der Rauch aus dem Munde geblasen, so sind die mikroskopischen Rauchteilchen durch Anlagerung von Wassertröpfchen stark vergrößert. Der Rauch ist dann wegen der gröberen Trübung einfach weiß oder grau wie gewöhnlicher Nebel. Wenn der Künstler die fernen Berge blau malt, bekommt er „Luft" in sein Bild. Er malt in Wirklichkeit den Eindruck, den das von einer sehr feinen Trübung zerstreute Licht in seinem Auge hervorruft. Die Berge bilden nur den dunklen Hintergrund. Das rote Licht der Sonne beim Auf- oder Untergang entsteht dadurch, daß eine Verarmung an blauem und violettem Licht durch seitliche Zerstreuung auf dem langen Wege durch die unteren Schichten der Atmosphäre erfolgt.

Dem älteren Lord Rayleigh verdanken wir die Theorie der Lichtzerstreuung an Teilchen, die klein sind gegen die Lichtwellenlänge. Er konnte zeigen, daß sie durch violettes und blaues Licht ungefähr zehnmal so stark, durch grünes und gelbes drei- bis viermal so stark zum Leuchten erregt werden wie durch rotes. Es ergab sich ferner, daß dieses zerstreute Licht um so schwächer wird, je feiner eine gegebene Stoffmenge in dem gegebenen von Licht durchstrahlten Raum zerteilt ist. Als eine äußerst fein zerteilte Trübung können wir schließlich die Moleküle der Materie selbst ansehen. Eine, wenn auch sehr schwache Zerstreuung von vorzugsweise blauem Licht müssen hiernach auch alle reinen durchsichtigen Körper, Gase, Flüssigkeiten und festen Körper zeigen. In genügend dicker Schicht und bei günstigen Versuchsbedingungen ist das in der Tat der Fall. Die Himmelsbläue, eine der größten Segnungen unserer irdischen Tage, kommt durch die Streuung des mächtigen Sonnenlichtes in der viele Kilometer dicken Lufthülle zustande, die vor dem lichtlosen Hintergrund des Weltraumes liegt. Auf hohen Bergen, wo die Luft frei ist von Staub und anderen größeren Teilchen, sieht der Himmel tiefdunkelblau aus. Abb. 78 zeigt, wie man das blaue Streulicht auch von einer dünnen Schicht reiner Luft im Versuch nachweisen

kann. Ein innen geschwärztes Rohr ist mit staubfreier Luft
gefüllt. Sonnenlicht wird mit einer Linse durch ein seitliches
Fenster in der Mitte des Rohres konzentriert und der blaue
schwache Lichtkegel durch ein zweites Fenster am Rohrende
beobachtet. Leichter ist es, diese Streuung in reinen Flüssigkeiten
zu sehen. Die Streuung ist stärker, weil die Zahl der streuenden
Moleküle im gleichen Volumen größer ist. Da die Zahl der
Moleküle in einer Flüssigkeit ungefähr
tausendmal so groß ist wie die Zahl
der Moleküle ihres Dampfes beim Druck
einer Atmosphäre im gleichen Volumen,
sollte auch die Intensität des gestreuten
Lichtes bei der Flüssigkeit tausendmal
so groß sein. In Wirklichkeit ist sie
nur etwa fünfzigmal so groß, und durchsichtige Kristalle streuen verhältnismäßig
noch weniger. Dies zeigt, daß Flüssigkeiten und vor allem Kristalle mit regel-

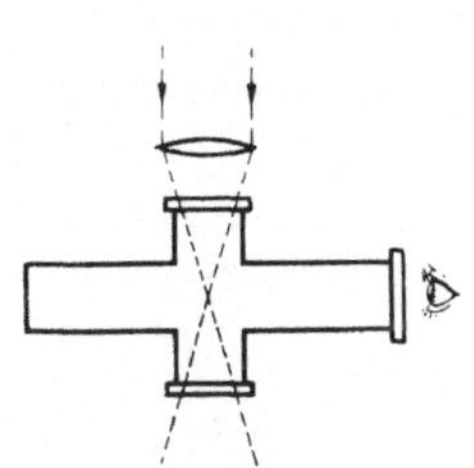

Abb. 78. Zum Nachweis
der Lichtzerstreuung in
reiner Luft.

mäßig angeordneten Atomgittern einem homogenen Medium
näher stehen als Gase, so daß bei ihnen eine stärkere Auslöschung
des seitlich ausgestrahlten Lichtes durch Interferenz stattfindet als
bei einem Gase. Ein frisch gespaltenes Glimmerplättchen, auf
dem man mit einer Linse Sonnenlicht konzentriert, zeigt, gegen
einen dunklen Hintergrund betrachtet, viel weniger Streulicht als
eine noch so gut gereinigte Glasplatte. Glas ist eine zähe Flüssigkeit.

Eine sehr wichtige Aufklärung erhalten wir, wenn wir durch
einen Analysator für polarisiertes Licht z. B. durch ein Nicolsches
Prisma nach einer Stelle des blauen Himmels blicken, die in
senkrechter Richtung zu der der Sonnenstrahlen gelegen ist
(Abb. 79).

Wir sehen dann den Himmel hell, wenn wir den Analysator
so halten, daß er nur Lichtschwingungen durchläßt, die in der
Ebene E erfolgen. Verdrehen wir den Nikol um 90°, so daß er
für Schwingungen, die in der Richtung der Sonnenstrahlen
erfolgen, durchlässig wird, so erscheint der Himmel nahezu
dunkel. Das gestreute Himmelslicht ist polarisiert. Der Grund
dafür ist folgender: Die Schwingungen eines kleinen Teilchens,

das vom Lichte getroffen wird, können, weil die Lichtwellen Querwellen sind, nur in allen möglichen Richtungen senkrecht zu der Einfallsrichtung des Lichtes, aber nicht in der Einfallsrichtung erfolgen. Man kann die Verhältnisse mit unserer durch submikroskopische Harzteilchen getrübten Flüssigkeit im einzelnen noch genauer übersehen.

Wir lassen linear polarisiertes Licht (Abb. 80a) mit senkrechter Schwingungsrichtung in den Trog eintreten. Das Licht wird am stärksten in der Horizontalebene, z. B. nach vorn und hinten, aber gar nicht nach oben und unten gestreut. Denn bei Querwellen muß die Fortpflanzungsrichtung auf der Schwingungsrichtung senkrecht

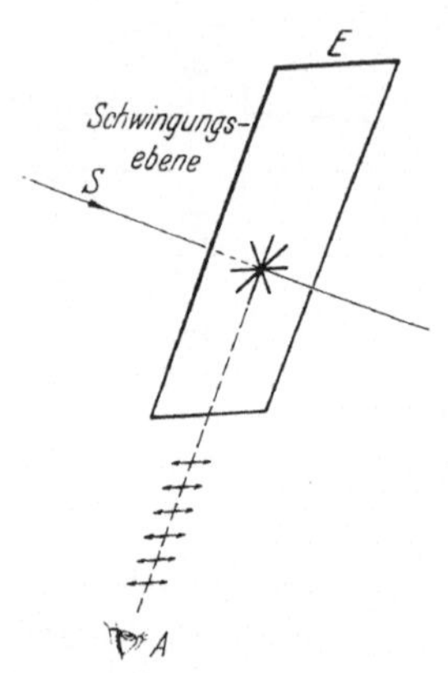

Abb. 79. Zur Polarisation
des Himmelslichtes.

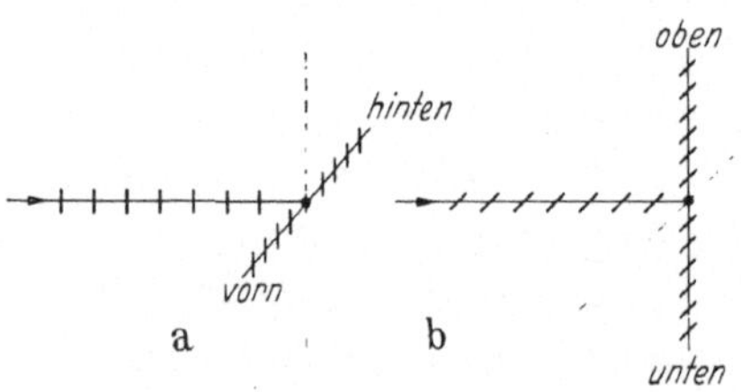

Abb. 80. Polarisation an kleinen
Teilchen zerstreuten Lichtes.

stehen. Ist die eintretende Schwingungsrichtung waagerecht (Abb. 80b), so erfolgt die Streuung am stärksten in der Vertikalebene z. B. nach oben und unten, aber gar nicht nach vorn und hinten. In beiden Fällen ist das gestreute Licht so polarisiert, daß die Schwingungen in einer Ebene erfolgen, die auf der Einfallsrichtung des Lichtes senkrecht steht.

Abb. 81 zeigt die Ausführung dieses interessanten Versuches. All dies ist vollkommen in Einklang mit der Vorstellung, daß die kleinen trübenden Teilchen durch die Schwingungen des einfallenden Lichtes selbst zu schwingenden Gebilden werden, zu Oszillatoren, wie man sagt, die das gestreute Licht aussenden.

Die Polarisation des Himmelslichtes ist in Wirklichkeit etwas komplizierter, weil sich ein zweiter Polarisationseinfluß dem oben geschilderten überlagert.

Teilchen, die etwa so groß sind wie die Wellenlänge des sichtbaren
Lichtes, zeigen ein anderes Verhalten als solche, die groß oder
sehr klein gegen die Wellenlänge sind. Je nach der Größe
solcher Teilchen und je nach dem Brechungsexponenten des
Stoffes, aus dem sie bestehen, kann die Streuung in irgendeinem Spektralgebiet am stärksten sein. Das durch einen
Schwarm solcher Teilchen von möglichst einheitlicher Größe
hindurchgehende Licht ist deshalb ebenfalls farbig, die Farbe
muß aber nicht gelb oder rot, sondern kann z. B. auch grün

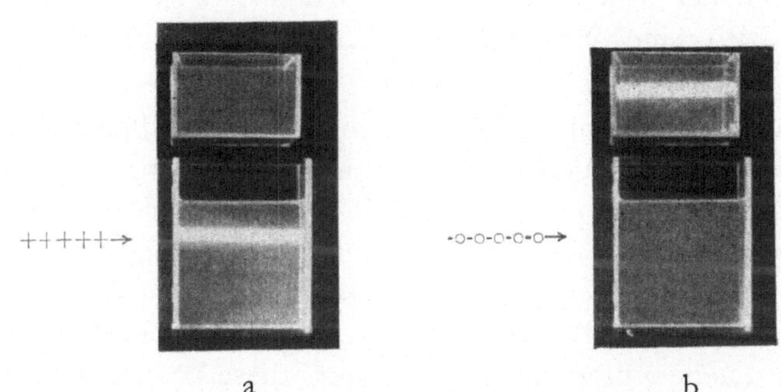

a   b

Abb. 81. Streuung polarisierten Lichtes an kleinen trüben Teilchen.
a Schwingungsrichtung des einfallenden Lichtes vertikal in der Ebene
des Papiers. b Schwingungsrichtung des einfallenden Lichtes senkrecht
zur Papierebene. Über dem Trog befindet sich ein geneigter Spiegel,
in dem man von oben in den Trog hineinschaut.

oder blau sein. In den letzten Septembertagen des Jahres 1950
erschien die Sonne an vielen Orten Europas bei tiefem Stande
blau oder grün. Die ausführlichsten Beobachtungen dieser
Erscheinung stammen von R. Wilson in Edinburgh vom 26. September, als die Sonne dort eine tief indigo-blaue Farbe zeigte.
Die trübenden Teilchen rührten von ausgedehnten Waldbränden
vom 23. September in Alberta (Kanada) her. Die Teilchen
bestanden wahrscheinlich aus Öltröpfchen, die durch Destillation
des Holzes gebildet waren und beim Transport über das Meer
durch Zusammenwirken von Wind und Schwerkraft zu einer
bemerkenswert gleichmäßigen Größe aussortiert wurden. Die
Theorie der Streuung an Teilchen solcher Größe wurde von
G. Mie schon 1908 gegeben. Sie gestattet unter gewissen Voraus-
setzungen aus der Farbe die Größe der Teilchen zu berechnen.

Wilson ermittelte als wahrscheinlichen Teilchendurchmesser $1\ \mu$. Die Schichtdicke der Wolke, die vom Flugzeug aus beobachtet wurde, betrug nahezu vier Kilometer und die Teilchenzahl ungefähr 70 pro cm³. Auch in einigen anderen Fällen, vor allem beim großen Ausbruch des Krakatau, eines Vulkans in der Sundastraße, im Jahre 1883, wurde über ähnliche Erscheinungen berichtet. Die Theorie von Mie spielt eine wichtige Rolle bei der Erforschung der Natur und Größe der materiellen Teilchen im Weltraum, die für die Schwächung des Lichtes in den sog. Dunkelwolken der Milchstraße verantwortlich zu machen sind. Auch hier wird eine Wellenlängenabhängigkeit der Streuung beobachtet.

Eine Sonderstellung nimmt die Streuung an Metallpartikeln ein, z. B. in den kolloidalen Metall-Lösungen. Die sehr lebhafte Farbe solcher Lösungen unterscheidet sie von den gewöhnlichen trüben Stoffen. Diese Farbe ist zum Teil dadurch bedingt, daß die kleinen Metallteilchen gewisse Spektralbereiche sehr stark absorbieren, andere stark zurückwerfen. Die rote Farbe des Rubinglases (siehe unter XIIa) wird auf diese Weise durch feinverteiltes Gold im Glasfluß hervorgerufen.

IX. Die Dispersion des Lichtes in den Körpern

a) Wie zerlegt ein Prisma das Licht?

Wir haben schon erwähnt, daß einfache Kugellinsen Bilder mit farbigen Rändern entwerfen. Die Ursache dieser chromatischen Aberration ist die verschieden starke Brechung des Lichtes verschiedener Frequenz in durchsichtigen Körpern. Im allgemeinen wird violettes, also kurzwelliges Licht von hoher Frequenz stärker gebrochen als rotes. Man kann auch sagen, daß der Brechungsexponent für violettes Licht größer ist als für rotes, oder daß die Fortpflanzungsgeschwindigkeit des violetten Lichtes in den Körpern kleiner ist als die des roten. Die letztere Ausdrucksweise ist wohl am anschaulichsten. Schwefelkohlenstoff ist eine Flüssigkeit, in der dieser Unterschied in den Geschwindigkeiten recht groß ist. Er besitzt, wie man sagt, eine große „Dispersion". Als Michelson den Foucaultschen Versuch mit dem rotierenden Spiegel wiederholte, um die Lichtgeschwindigkeit im Schwefelkohlenstoff zu bestimmen, konnte er in der Tat bemerken, daß das Bild a' (Abb. 22) in ein farbiges Band auseinandergezogen war. Das Violett war dabei stärker abgelenkt als das Rot, weil der Spiegel S während der längeren Zeit, die das violette Licht brauchte, um das mit Schwefelkohlenstoff gefüllte Rohr zwischen S und H zu durchlaufen, schon eine größere Drehung vollführt hatte. Es bedarf aber schon einer so empfindlichen Anordnung, um den Geschwindigkeitsunterschied unmittelbar zu messen.

Wir können uns das leicht an einem Gedankenversuch klarmachen. Wir nehmen einen langen, vollkommen durchsichtigen Quader aus Glas von z. B. 10 km Länge und lassen an einem Ende in einem bestimmten Augenblick eine helle Lampe aufblitzen. Befindet sich das Auge am anderen Ende des Quaders, so wird der Anfang der roten Lichtwelle das Auge treffen, wenn der Anfang der violetten noch etwa 140 m vom Auge entfernt ist. Der Zeitunterschied zwischen dem Eintreffen des roten und des violetten Lichtes wird aber doch nur ungefähr eine millionstel Sekunde betragen, so daß man diesen Unterschied nicht bemerken könnte.

Das Gedankenexperiment hat trotzdem seinen guten Sinn. Um zu prüfen, ob Licht verschiedener Frequenz im Weltraum verschiedene Geschwindigkeit hat, kann man den Helligkeitswechsel von veränderlichen Sternen beobachten. Der Stern Algol im Perseus ist solch ein veränderlicher Stern. Seine Helligkeit wechselt in gleichen Zeitabständen, weil er von einem dunklen Begleiter umkreist wird, der jeweils nach einem vollen Umlauf zwischen uns und den Algol tritt, sein Licht also erst abschirmt und dann wieder freigibt. Bei der ungeheueren, nach Hunderten von Lichtjahren gemessenen Entfernung des Sterns müßte er bei der Verdunkelung zuletzt blau, bei der darauffolgenden Erhellung zuerst rot aufleuchten, wenn der Weltraum eine auch nur geringe Dispersion besäße. Man hat aber nie etwas davon bemerkt. *Im leeren Raum pflanzen sich alle Lichtwellen gleich schnell fort.*

Wenn es nach dem Vorhergehenden vielleicht scheinen mag, daß es schwierig sein muß, überhaupt etwas von der verschiedenen

Geschwindigkeit des Lichtes verschiedener Frequenz in der Materie zu bemerken, so ist das doch nicht der Fall. Beim Durchgang weißen Lichtes durch ein Prisma mit einem brechenden Winkel von 60° aus dem gleichen Glas, aus dem wir vorhin unseren Quader hergestellt haben, wird das violette Licht wegen der kleineren Geschwindigkeit um einen Winkel von etwas mehr als 2° stärker abgelenkt als das rote. Benutzt man als Lichtquelle einen engen beleuchteten Spalt S und vereinigt nach der Brechung das Licht mit einer Linse wieder auf einem Schirm im Abstand von 3 m hinter dem Prisma, so erhält man ein leuchtendes Spektrum von

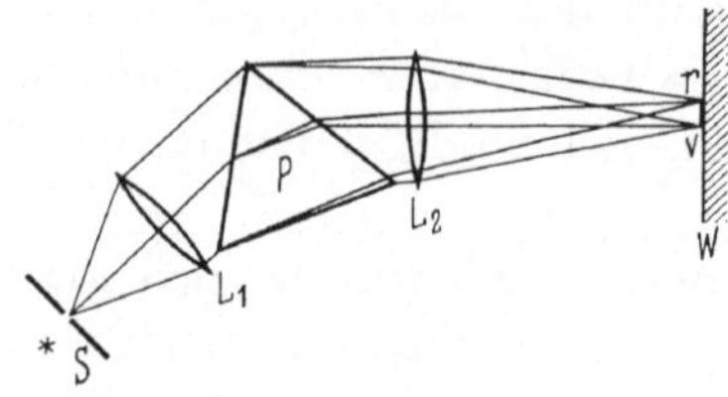

Abb. 82. Erzeugung eines prismatischen Spektrums.

11 cm Länge. Gewöhnlich beobachtet man dieses prismatische Spektrum mit einem Fernrohr oder photographiert es (Abb. 82).

Der *Regenbogen*, den man wahrnimmt, wenn die Sonne hinreichend tief im Rücken des Beobachters steht und feine Regentröpfchen die Luft erfüllen, besteht aus einem Hauptbogen von etwa 42° Öffnung, dessen Farbenfolge eine gewisse Ähnlichkeit mit dem prismatischen Spektrum hat (außen rot, innen blau) und einem lichtschwächeren, den Hauptbogen umfassenden Nebenbogen von etwa 51° Öffnung, der die umgekehrte Farbenfolge zeigt. Diese Merkmale der Erscheinung konnte schon R. Descartes (1637) durch Brechung, Dispersion und innere Reflexion des Sonnenlichtes an den kugeligen Wassertröpfchen richtig deuten. Das Auftreten farbiger Bögen innerhalb des Hauptbogens (sog. Interferenzbögen) und die große Veränderlichkeit der Farben mit der Tropfengröße ist nicht einfach zu erklären und durch Beugung an den sehr kleinen Tröpfchen mit bedingt.

Das Gitterspektrum und das prismatische Spektrum unterscheiden sich, wie man sieht, dadurch, daß beim Gitterspektrum das rote, beim prismatischen das violette Licht weiter abgelenkt ist. Beim Gitterspektrum ist die Ablenkung sehr nahe proportional der Größe der Wellenlänge, beim Prismenspektrum gilt keine so einfache Beziehung. Wie wir sagten, wächst im allgemeinen bei durchsichtigen Körpern die Brechung von rot nach blau ständig, wenn auch für verschiedene Körper in verschieden starkem Maß. Man bezeichnet dann die Dispersion als *normal*.

Fuchsin ist ein roter, sehr stark färbender Farbstoff. Die alkoholische Lösung sieht in der Durchsicht tiefrot aus. Untersucht

man das Spektrum des Lichtes, das durch eine Lösung von
Fuchsin hindurchgegangen ist, z. B. mit einem Glasprisma, so
zeigt sich, daß alles Licht hindurchgelassen wird bis auf das grüne.
Im Spektrum ist zwischen Gelb und Blau eine dunkle Lücke.
Die Lösung sieht also nicht *deshalb* rot aus, weil sie nur rotes
Licht hindurchläßt, sondern weil *grünes* Licht *nicht* hindurchgelassen wird. Das Auge vermag diesen Unterschied nicht zu
bemerken, aber das Spektrum verrät ihn uns sofort. Wo ist nun
das grüne Licht geblieben? Eine Antwort erhalten wir darauf,
wenn wir uns feste Fuchsinkriställ-
chen ansehen. Sie zeigen eine glän-
zendgrüne Oberflächenfarbe, reflektieren also vorwiegend grünes Licht.
Zyanin, ein anderer Farbstoff, sieht
blau aus und läßt gelbes Licht nicht
hindurch. Man kann ein hohles Prisma aus Glasplatten herstellen und eine
Lösung von Fuchsin in Alkohol ein-
füllen. Zerlegt man mit einem solchen
Prisma das weiße Licht, so bemerkt
man, daß die Reihenfolge der Spek-

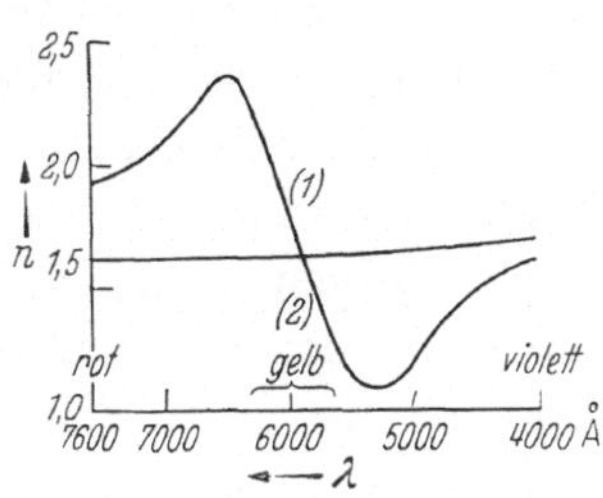

Abb. 83. *1* Anomale Di-
spersion im Zyanin.
2 Normale Dispersion in
Schwefelkohlenstoff.

tralfarben eine ganz ungewöhnliche ist. Das Fuchsinprisma zeigt
ein Spektrum mit einer dunklen Lücke im Grün. Das Gelb ist stärker abgelenkt als das Rot und das Violett stärker als das Blau, aber
sowohl Blau als Violett sind *weniger* abgelenkt als Rot und Gelb.
Der Brechungsexponent ist demnach am kleinsten für Blau,
größer für Violett, noch größer für Rot und am größten für Gelb.
Wenn das Prisma nur sehr dünn ist, so daß das grüne Licht noch
etwas durchgelassen wird, kann man auch feststellen, daß die
Brechung von Blaugrün nach Gelbgrün stark zunimmt. Innerhalb des Grünen *wächst* also, anders als bei der normalen Dispersion, der Brechungsexponent mit *zunehmender* Wellenlänge.
Man spricht in diesem Falle von anomaler Dispersion. Abb. 83
zeigt als Beispiel die Abhängigkeit des Brechungsexponenten *n*
von der Wellenlänge für den Farbstoff Zyanin. Das Gebiet der
anomalen Dispersion und starken Absorption liegt hier im Gelb.
Der Leser wird vielleicht den Eindruck haben, daß es ohne
großes Interesse ist, das ungewöhnliche Verhalten der Licht-

brechung bei einer gewissen, sehr speziellen Klasse von Körpern zu studieren. Ähnliche Fälle anomaler Dispersion sind indessen z. B. bei Metalldämpfen in besonders reiner Form beobachtet worden. Der Brechungsexponent sinkt in diesem Falle auf der kurzwelligen Seite der Absorptionsstelle (beim Na-Dampf ist es die Wellenlänge der gelben Natriumlinie) sogar unter 1, *die Lichtgeschwindigkeit wird also größer als im leeren Raum*[1]. Wie man aus Abb. 83 ersieht, verläuft der Brechungsexponent im Zyanin z. B. im roten Wellenlängengebiet vollkommen normal wie in durchsichtigen Körpern. Zum Vergleich ist die Dispersion im Schwefelkohlenstoff eingetragen. Man hat daraus geschlossen, daß die Dispersion in solchen Farbstoffen überhaupt keine Sondereigenschaft dieser Stoffe ist. Es könnte sein, daß alle durchsichtigen Stoffe im gleichen Sinne „farbig" sind wie diese Farbstoffe, daß wir es aber nur nicht bemerken, weil wir mit dem Auge ja nur einen sehr beschränkten Bereich der Wellen des weißen Lichtes wahrnehmen können.

Wir werden in einem der nächsten Abschnitte sehen, daß das weiße Licht noch kurzwelligeres Licht enthält als das violette, das *ultraviolette Licht*, und noch langwelligeres als das rote, das *ultrarote Licht*, Wellenlängen, von denen wir mit dem Auge nichts bemerken. Wenn ein Stoff z. B. in einem engen Wellenlängengebiet, das kurzwelliger als das Violett und deshalb dem Auge unzugänglich ist, eine Absorptionsstelle besitzt, so würde im sichtbaren Spektralbereich der Verlauf der Brechungsexponenten ein normaler sein, und der Körper wäre für alles sichtbare Licht durchsichtig. Diese Erwartungen haben sich nun durchaus bestätigt. Die sogenannte „anomale Dispersion" hat sich als eine durchaus normale Erscheinung der Stoffe erwiesen. Wenn man

---

[1] Unter Lichtgeschwindigkeit ist die sogenannte „Phasengeschwindigkeit" gemeint, d. h. die Geschwindigkeit, mit der sich ein Wellenberg oder ein Wellental eines unbegrenzten Wellenzuges fortpflanzt. Die Phasengeschwindigkeit kann in der Materie größer sein als die Lichtgeschwindigkeit im leeren Raum. Man kann aber nur durch Ein- und Ausschalten des Lichtes, also durch begrenzte „Wellengruppen" Signale oder Wirkungen von einem Ort zum andern übertragen, nicht aber durch die Wellentäler oder Berge einer unbegrenzten Welle. Es läßt sich nun zeigen, daß die Geschwindigkeit von Wellengruppen niemals größer sein kann als die Lichtgeschwindigkeit im leeren Raum. Deshalb ist es auch nicht möglich, Signale oder Wirkungen mit Überlichtgeschwindigkeit zu übermitteln.

versuchen will, zu erklären, wie denn eigentlich die sonderbare
Abhängigkeit der Lichtgeschwindigkeit von der Lichtfrequenz
in den Stoffen zustande kommt, muß man freilich ziemlich
schwierige Überlegungen über die Wechselwirkung von Materie
und Licht anstellen.

Wir geben deshalb an dieser Stelle (Abb. 84) nur eine aus
Versuchen und der Theorie abgeleitete, etwas idealisierte Darstellung der Abhängigkeit des Brechungsexponenten von der
Wellenlänge unter der Annahme, daß der betrachtete Stoff
mehrere Stellen anomaler Dispersion im Spektrum besitzt.

Bemerkenswert ist hierbei, daß
für sehr langwelliges Licht der
Brechungsexponent nach dieser
Kurve unabhängig von der
Wellenlänge einem konstanten
Wert zustrebt und daß für
äußerst kurzwelliges Licht der
Brechungsexponent sich dem

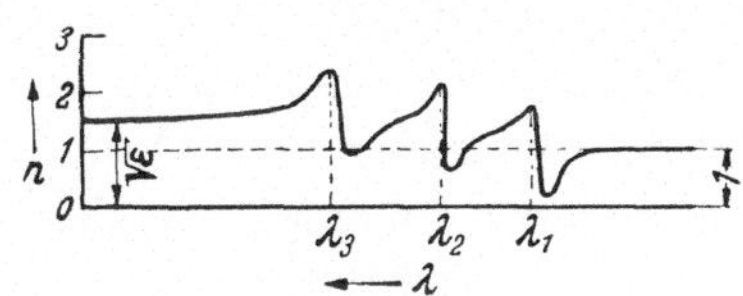

Abb. 84. Abhängigkeit des Brechungsexponenten von der
Wellenlänge (schematisch).

Werte *1* nähert, aber immer etwas kleiner bleibt als *1*. *Das letztere
bedeutet, daß die Geschwindigkeit von sehr kurzwelligem Licht in den
Körpern ein ganz klein wenig größer sein muß als im leeren Raum.* Die
hier besprochenen Fragen werden sich in einigen späteren Ab-
schnitten als äußerst wichtig erweisen.

b) Ein merkwürdiges Lichtfilter.

Wir haben früher gesehen, daß ein durchsichtiger Körper
unsichtbar wird, wenn er in eine Flüssigkeit vom gleichen
Brechungsexponenten eingetaucht wird. Wenn man fein zer-
mahlenes Glaspulver oder Quarzpulver in eine klare Flüssigkeit
vom gleichen Brechungsexponenten hineinbringt, müßte es
ebenfalls unsichtbar werden. Die Flüssigkeit müßte so klar bleiben, wie sie vorher war. Man kann z. B. eine Mischung von
Schwefelkohlenstoff und Benzol herstellen, die den gleichen
Brechungsexponenten hat wie Quarzpulver. Ganz so einfach
ist das Ergebnis jedoch im allgemeinen nicht. Wir haben ja
gesehen, daß der Brechungsexponent von der Wellenlänge abhängt, und zwar für die verschiedenen Stoffe in verschiedener
Weise. Man wird also bestenfalls eine Flüssigkeit finden können,

die für einen kleinen Wellenlängenbereich genau den gleichen Brechungsexponenten hat wie Quarz. Für diese Wellenlänge wird das Gemisch lichtdurchlässig sein, während für die anderen Wellenlängen eine beträchtliche Zerstreuung des Lichtes durch unregelmäßige Reflexion und Brechung an den kleinen Quarzkriställchen auftreten wird. Wenn man also Benzol und Schwefelkohlenstoff in verschiedenen Mengenverhältnissen mischt und so viel Quarzpulver hineinbringt, daß ein Brei entsteht, so wird dieser Brei, je nach dem Mischungsverhältnis der beiden Flüssigkeiten, jedesmal für eine andere Wellenlänge durchlässig sein. Man kann auf diese Weise ein Lichtfilter für enge Wellenlängenbereiche roten, gelben, grünen oder blauen Lichtes herstellen. Da die Brechung und Dispersion der Flüssigkeit stark von der Temperatur abhängt, die des Quarzes aber nur wenig, bedingt bei einem Lichtfilter dieser Art auch schon eine Temperaturänderung, daß der Wellenlängenbereich, in dem es lichtdurchlässig ist, sich verändert. Wenn solch ein Filter bei einer bestimmten Temperatur nur rotes Licht hindurchläßt, so ist es bei einer etwas höheren Temperatur nur für gelbes Licht durchlässig. Bei einer weiteren Temperatursteigerung wird es nur grünes und schließlich nur blaues Licht durchlassen. Dieser interessante Versuch ist zuerst von C. Christiansen ausgeführt worden. Solch ein Filter ist geeignet zur Ausfilterung eines sehr engen Spektralbereiches aus dem weißen Licht. Doch ist es heute durch Interferenzfilter praktisch verdrängt.

c) Etwas über farbige Lichter und Körperfarben (Pigmente).

Wir haben schon auf die Unfähigkeit des Auges, farbige Lichter zu analysieren, hingewiesen. Ein Versuch soll dies etwas näher erläutern (Abb. 85):

Mit dem beleuchteten Spalt Sp, der Linse L_1 und dem Prisma P wird ein reines Spektrum $r \ldots v$ erzeugt. Die Linse L_2 bildet die Prismenfläche F auf der weißen Wand W ab. Hier sind alle Spektralfarben wieder zu Weiß vereinigt. Das ist der bekannte Versuch Newtons, der die Wiederherstellung weißen Lichtes aus den Spektrallichtern zeigt. Bringt man einen schmalen, rechteckigen schwarzen Schirm S in das Spektrum, so kann man damit an einer beliebigen Stelle einen engen Wellenlängenbereich aus dem Lichte fortnehmen. Das Bild der Prismenfläche auf der Wand ist dann nicht mehr weiß, sondern zeigt die *Ergänzungs- oder Komplementärfarbe* des herausgenommenen Lichtes zu Weiß. Dieses Licht ist natürlich keineswegs spektralrein, das Auge kann dies aber am Farbton nicht erkennen. Es kann zu jeder

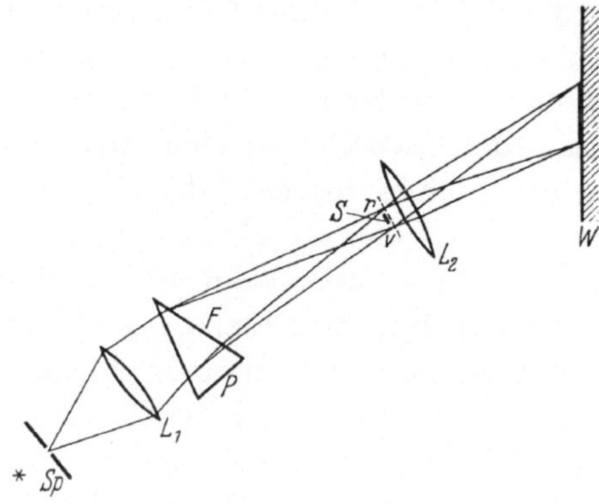

Abb. 85. Anordnung zur Erzeugung von Mischfarben. (Siehe Text).

dieser Mischfarben eine Stelle in einem Spektrum, also ein spektralreines Licht, finden, das den gleichen Farbton hat, außer wenn der Schirm S einen Bereich im grünen Gebiet etwa zwischen 5000 und 5600 Å fortnimmt. Dann ist die Ergänzungsfarbe ein *Purpur*, zu dem es im Spektrum kein farbtongleiches Licht gibt. Die Tab. 1 enthält den durch den Schirm S fortgenommenen Teil in Wellenlängen, und als Farbton; ferner die Mischfarbe des Restes und das dieser Mischfarbe farbengleiche Licht im Spektrum in Wellenlängen.

Wenn das Auge gleichzeitig durch die spektralreinen Lichter 6560 und 4920 Å oder 5850 und 4850 Å usw., die im geeigneten

Tabelle 1.

	6560 Å	6080 Å	5850 Å	5000 bis 5600 Å	4900 Å	4850 Å	4330 Å u. klein.
Herausgenommener Teil	rot	orange	gelb	grün	eisblau	ultramarin	violett
Mischfarbe des Restes	blaugrün	eisblau	ultramarin	purpurtöne	orange	gelb	grün
Farbtongleiches Spektrallicht	4920 Å	4900 Å	4850 Å	—	6080 Å	5850 Å	5640 Å

Helligkeitsverhältnis stehen, gereizt wird, hat es ebenfalls die Empfindung „farblos" oder „weiß". Physikalisch ist dieses Weiß etwas ganz anderes als weißes Licht. Letzteres enthält alle Lichter des sichtbaren Spektrums, dieses nur zwei enge Spektralbereiche in Rot und Blaugrün oder in Orange und Eisblau oder in Ultramarin und Gelb oder in Violett und Grüngelb. Das Auge kann zwischen diesen Mischungen nicht unterscheiden.

Das Auge kann also weder farbige Lichter analysieren, noch, wenn es den Eindruck „weiß" hat, eine Aussage über die Zusammensetzung des Lichtes machen, das diesen Eindruck vermittelt.

Das Auge anderer Lebewesen kann anders eingerichtet sein, und sie müssen dann auch farbige Lichter, z. B. das von farbigen Körpern zurückgeworfene Licht, anders sehen als wir. Man kann freilich nicht sagen, was sie für ein Erlebnis dabei haben.

Wir erläutern das kurz am sehr interessanten Beispiel der Bienen. Die Bienen haben ein Unterscheidungsvermögen für vier wesentlich verschiedene Farbqualitäten, nämlich *Gelb* (mit Orange und Grün), *Blaugrün*, *Blau* (mit Violett) und das für uns unsichtbare *Ultraviolett*. Man nimmt an, daß Gelb und Blau einerseits, Blaugrün und Ultraviolett andererseits für die Bienen Ergänzungsfarben sind, und daß sie deshalb eine weiße Fläche im allgemeinen auch farblos weiß sehen wie wir. Es hat sich jedoch gezeigt, daß von zwei Flächen, die für uns gleichartig weiß aussehen, die eine den Bienen dann farbig erscheint, wenn diese Fläche ultraviolettes Licht nicht reflektiert, sondern zurückhält. Es fehlt dann eben im zurückgeworfenen Licht ein für die Biene als farbiges Licht wahrnehmbarer Teil, und sie müssen die Ergänzungsfarbe, also das, was wir Blaugrün nennen, wahrnehmen. Eine gewöhnliche Glasscheibe läßt für uns weißes Licht hindurch, für die Bienen farbiges Licht, weil das ultraviolette Licht nicht hindurchgeht. Wir können hier nicht darauf eingehen, wie man durch Dressurversuche diese interessanten Tatsachen ermittelt hat.

Es gibt in der Natur viele weiße Blumen. Man hat nachgewiesen, daß sie nur sehr wenig ultraviolettes Licht reflektieren. Den Bienen erscheinen sie deshalb wiederum farbig. Der bekannte rote Mohn, den wir häufig in Kornfeldern finden, sieht für uns grellrot aus. Bienen können aber rotes Licht nicht sehen. Dafür reflektiert diese Blume, außer dem für die Bienen nicht wahrnehmbaren Rot, sehr kräftig ultraviolettes Licht. Dieser Mohn ist also für eine Biene eine ultraviolette Blume. Aus solchen Beispielen wird klar, wie sehr die Eigenschaft des Auges für unsere Aussagen über Körperfarben oder farbige Lichter bestimmend ist.

Die spektrale Untersuchung eines farbigen Lichtes kann uns dagegen Aussagen über die Qualität des Lichtes liefern, die gar nicht mehr von der Eigenheit und der analysierenden Fähigkeit unseres Auges abhängen.

Wenn wir weißes Licht durch farbige Gläser oder Flüssigkeiten schicken und dieses Licht dann mit einem Spektralapparat zer-

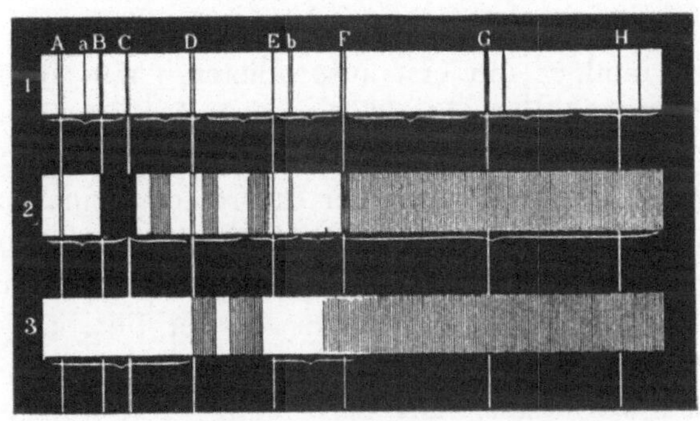

Abb. 86. 1. Fraunhofersche Linien (siehe S. 121). 2. Absorptions-spektrum des Blattgrüns. 3. Absorptionsspektrum des Blutes.

legen, so erhalten wir das Absorptionsspektrum des betreffenden Farbstoffes. Im allgemeinen enthält solch ein Spektrum an einer oder mehreren Stellen mehr oder weniger breite, dunkle Lücken. Die Farbstoffe lassen also gewisse Wellenlängenbereiche nicht hindurch, andere wiederum werden durchgelassen. Sehr charakteristisch ist das Absorptionsspektrum vieler Anilinfarben, des Blutes und des Chlorophylls oder Blattgrüns. Das Chlorophyll z. B. absorbiert blaues und violettes Licht und enge Gebiete im Rot, Grün und Gelb (Abb. 86). Die Farben der Körper kommen auf die gleiche Weise zustande. Das Licht dringt in die deckende Körperfarbe, das Pigment, ein und wird zum Teil von innen reflektiert. Daher kommt es bekanntlich, daß die Mischung eines gelben und blauen Pigments Grün ergeben kann, während gelbes und blaues Licht, das gleichzeitig unser Auge trifft, Weiß ergibt. Ein blauer Farbstoff ist im allgemeinen blau, weil er Gelb und zum Teil auch Rot verschluckt, und ein gelber ist gelb, weil er Blau und zum Teil Violett verschluckt. Wenn nun weißes Licht durch solche blaue und dann noch durch gelbe Farbkörner hindurchgeht, so wird im wesentlichen alles Licht absorbiert, außer dem grünen. Das Ergebnis der Mischung hängt indessen ganz und gar von dem Absorptionsspektrum der beiden Farbstoffe ab, so daß man z. B. nicht voraussehen kann, ob bei der Mischung eines bestimmten gelben mit einem bestimmten blauen Farbstoff ein leuchtendes oder ein mattes, ein mehr bräunliches oder bläuliches Grün herauskommt. Der Künstler lernt das durch Erfahrung. Wenn er einmal einen neuen Farbstoff verwendet, muß er ihn erst ausprobieren. Man sieht, daß es für die Farbigkeit einer Deckfarbe wesentlich ist, daß das dekkende Pigment nicht homogen ist, sondern eine körnige Struktur hat.   Sonst können im Innern der Farbschicht keine Reflexionen erfolgen.   Handelt es sich nicht um Deckfarben, sondern um transparente Farben (Lasur), die auf weißes Papier aufgetragen sind, so wird das Licht natürlich nach der Filterung auch am weißen Papier reflektiert und tritt durch die Farbschicht hindurch wieder nach vorne aus. Die Farblösung kann dann auch vollkommen homogen sein. Malt man z. B. mit Fuchsinlösung, die ganz homogen ist, auf weißes Papier, so sieht der Aufstrich rot aus, malt man aber auf schwarzes Papier, so sieht man überhaupt keine Farbe, oder aber sie schimmert grün nach dem Eintrocknen, wenn eine sehr konzentrierte Lösung verwendet wurde. Dies ist eine Oberflächenfarbe, deren Entstehung durch die eigentümlich starke Reflexion an der Stelle der anomalen Dispersion dieses Farbstoffes verursacht wird.

Die meisten bisher betrachteten Körperfarben werden durch die Eigenschaften der Farbstoffmoleküle verursacht, gewisse Spektralbereiche nicht hindurchzulassen. Es gibt aber wundervolle Farben in der Natur, die auf ganz andere Weise zustande kommen und bei denen irgendwelche Farbstoffe nicht beteiligt sind. Wir haben schon mehrfach von solchen Farbenerscheinungen gesprochen. Beispiele sind auch die Farben mancher schillernder Schmetterlinge, z. B. des Schillerfalters, die Farben des Perlmutters, die lebhaft leuchtenden Farben der Pfauenfedern, die Farben dünner Ölschichten auf Wasserpfützen und vieles andere. In allen diesen Fällen handelt es sich entweder um die Wirkung einer Art optischen Gitters, das das Licht zerlegt, oder aber um einen Vorgang, bei dem einige Wellenlängen des weißen Lichtes bei der Reflexion durch Interferenz ausgelöscht werden.

Sehr mannigfaltig sind die Farben der Luft und des Wassers. Die Entstehung des Himmelsblau und der roten Töne am Himmel bei tiefem Sonnenstand haben wir schon kennengelernt. Die Farbe des Wassers ist durch vielerlei Ursachen bedingt. Die Spiegelung des Himmels hat darauf einen wesentlichen Einfluß. Indessen ist die Anschauung falsch, daß die Farbe nur durch solche Spiegelungen vorgetäuscht wird. Das Wasser besitzt ebenso eine eigentümliche Farbe wie irgendeine andere gefärbte Flüssigkeit. Bunsen hat wohl zuerst gezeigt, daß eine weiße Fläche bei Betrachtung durch eine Schicht destillierten Wassers von einigen Metern Dicke bläulich erscheint. Bei sehr dicken Schichten ist die Farbe rein blau. Man sieht diese Färbung häufig an den Seen der Hochgebirge. Ein berühmtes Beispiel ist auch die blaue Grotte in Capri. Wenn eine starke Spiegelung des Himmelslichtes auftritt, sieht man gerade die Eigenfarbe des Wassers *nicht*. Da aber das Himmelslicht polarisiert ist, kann es bei klarem Himmel und geeigneter Lage von Sonne, Wasserfläche und Beobachter zueinander nahezu vollständig vermieden werden, daß reflektiertes Licht in das Auge des Beobachters gelangt (s. S. 73). In diesem Falle sieht man das aus der Tiefe reflektierte wundervolle blaue Licht. Bei seichtem Wasser kann die Farbe des Grundes die Farbe des Wassers verändern. Trübende Teilchen sind ebenfalls mitbestimmend für die Farbe des Wassers. Der Verfasser erinnert sich, einmal gesehen zu haben, wie der Einfluß des Isarwassers in den Walchensee ein weites Stück in den See hinein durch die andere Färbung verfolgt werden konnte.

X. Zwei Arten unsichtbaren Lichtes.

a) Ultrarotes Licht.

Es ist eine Eigentümlichkeit der physikalischen Forschungsmethode, daß sie die Begriffe allgemeiner faßt, als es im täglichen Leben üblich ist. Am Beispiel des Lichtes wird das besonders deutlich. Wir haben das Licht der Sonne in ein farbiges Spektrum zerlegt. Dabei haben wir bemerkt, daß unser Auge durch die äußersten Grenzen des Spektralbandes den Lichteindruck „Rot" und „Violett" erhält. Die Messung der Wellenlänge setzt die Grenzen zahlenmäßig zu etwa 7700 Å am roten und etwa 4000 Å am violetten Ende fest. Nichts zwingt uns indessen, anzunehmen, daß hiermit tatsächlich die ganze Ausdehnung des Sonnenspektrums erschöpft ist, solange wir nur unser Auge als Strahlungsempfänger verwenden. Das Auge ist in der Tat nur für einen sehr beschränkten Wellenlängenbereich empfindlich. Überdies ist es unfähig, genaue Angaben über die Intensität einer Lichtstrahlung zu vermitteln. Wir wollen jetzt das für unser Auge unsichtbare Licht etwas näher kennenlernen.

Wenn wir Licht auf ein Thermometer mit geschwärztem Thermometergefäß auffallen lassen, wird alles auftreffende Licht beliebiger Wellenlänge verschluckt und in Wärmebewegung der Moleküle umgewandelt. Das Thermometer steigt während der konstanten Bestrahlung so lange, bis sein Wärmeverlust an die Umgebung gleich dem in der gleichen Zeit erfolgten Wärmegewinn durch die Zustrahlung ist. Der durch das Thermometer angezeigte Temperaturanstieg ist deshalb *ein Maß für die Energie* der auftreffenden Lichtstrahlung, ganz gleich, welche Wellenlänge sie besitzt. Wesentlich genauer und schneller arbeiten besonders elektrische geschwärzte Thermometer, die Thermosäulen und Bolometer. Mit solchen Strahlungsmessern kann man also die Energie des Lichtes verschiedener Wellenlängen quantitativ vergleichen. *Die Wärmewirkung ist keine spezifische Wirkung bestimmter Wellenlängen*, wenn das auch manchmal in den Büchern steht.

F. W. Herschel machte schon im Jahre 1800 die Entdeckung, daß ein geschwärztes Thermometer im kontinuierlichen Sonnenspektrum auch jenseits des roten Endes eine starke Erwärmung anzeigte. Damit war der Nachweis einer unsichtbaren Lichtstrahlung geliefert, die langwelliger ist als das äußerste sichtbare Rot. Wir nennen diese Strahlung heute „ultrarote oder infrarote Strahlung". In Wirklichkeit ist diese Strahlung etwas dem Menschen seit jeher Vertrautes. Jeder Ofen sendet ultrarote Strahlung aus, auch unser Körper, der wärmer ist als die Umgebung, gibt Energie als ultrarote Strahlung an die Umgebung ab. Wenn wir finden, daß unser Ofen nur diese unsichtbare Strahlung und gar kein sichtbares Licht liefert und sogar die Glühlampe bei weitem den größten Teil der Energie ebenfalls im Ultrarot ausstrahlt, so liegt das lediglich an der verhältnismäßig niedrigen Temperatur dieser Strahler.

Man kann mit Hilfe von Gittern die Wellenlängen der ultraroten Strahlung mit Thermoelementen oder Bolometern in ähnlicher Weise messen wie die des sichtbaren Lichtes. Es würde zu weit führen, auf Einzelheiten der Aussonderung und Messung von langwelligem Ultrarot einzugehen. Man ist schließlich bis zu einer Wellenlänge von 0,4 mm vorgedrungen. Diese Wellenlänge ist also rund 800mal so groß wie eine mittlere Wellenlänge des sichtbaren Lichtes!

Es ist gelungen, photographische Platten durch Farbstoffe einer sehr komplizierten chemischen Zusammensetzung für das dem Rot benachbarte ultrarote Licht empfindlich zu machen. Die bisher hergestellten Ultrarotplatten sind nur ungefähr bis zur Wellenlänge 10000 Å empfindlich. Einer unbegrenzten Steigerung der Plattenempfindlichkeit für immer längere Wellen ist aber eine natürliche Grenze gesetzt. Wenn die Strahlung zu langwellig ist, wird sie bereits von allen Körpern bei Zimmertemperatur, wenn auch nur schwach ausgestrahlt. Platten, die für solche Strahlung empfindlich wären, müßten in kurzer Zeit verschleiern. Man kann mit den käuflichen Ultrarotplatten Aufnahmen „im Lichte" eines elektrischen Bügeleisens oder eines etwas überheizten eisernen Ofens machen.

Will man eine Landschaft nur mit ultrarotem Licht photographieren, so muß man das ganze sichtbare Licht durch geeignete dunkelrote oder schwarze Glasfilter, die nur ultrarotes Licht durchlassen, vom Apparat fernhalten. Da das ultrarote Licht wegen seiner großen Wellenlänge durch die Trübungen der

a

b

Abb. 87. a Landschaftsaufnahme mit sichtbarem Licht; b dieselbe
Aufnahme mit ultrarotem Licht. (Nach E. v. Angerer.)

Atmosphäre viel weniger zerstreut wird als das sichtbare Licht,
ermöglicht die Ultrarotphotographie, vom Flugzeug außerordentlich große Gebiete der Erde auf sehr große Entfernungen
zu photographieren.

Abb. 87 zeigt, wieviel mehr Einzelheiten in der Ferne die
Ultrarotphotographie gegenüber der gewöhnlichen Photographie

Abb. 88. Eine Infrarotaufnahme aus 6500 m Höhe von Captain
Albert W. Stevens. Standpunkt des Flugzeugs über Villa Mercedes
(Argentinien), am Horizont sind die Anden mit dem Aconcagua in
470 km Entfernung zu sehen. Auf dieser Aufnahme wurde die Erdkrümmung zum erstenmal photographisch festgehalten; die Länge von
112 km, in der der Horizont zur Abbildung gebracht wird, entspricht
$1/_{537}$ des Erdumfanges. Objektiv mit 50 cm Brennweite, Kodak-
Infrarot-Fliegerfilm, Rotfilter $1/_{20}$ Sekunde. — (Verkleinert.) (Aus
Helwich, Infrarot-Fotografie. Harzburg: Heering Verlag.)

liefert. Abb. 88 ist eine Flugzeugaufnahme aus 6500 m Höhe.
Am Horizont sind die Anden zu sehen. Der Horizont ist in
112 km Länge (etwa 1 geographischer Breitengrad) abgebildet.
Das Bild läßt gerade eben die Erdkrümmung erkennen. Auf
S. 90 haben wir erwähnt, daß die dunklen Stellen in der Milch-
straße nicht einfach sternarme Gebiete sind. Das Licht wird

vielmehr durch diese Dunkelwolken, die aus kleinen Teilchen nichtleuchtender Materie bestehen, so stark zerstreut, daß es nicht bis zu uns gelangt. Photographiert man das gleiche Gebiet der Milchstraße einmal mit dem Gesamtlicht und einmal mit dem ultraroten Anteil allein, so erscheinen die Dunkelwolken auf der Ultrarotaufnahme schmäler wegen der geringeren Zerstreuung dieser langwelligen Strahlung, so daß man bis zu größeren Tiefen in den Weltraum vordringen kann.

Eine Ultrarotphotographie des Planeten Mars ergab einen kleineren Durchmesser der Scheibe als bei der gewöhnlichen Photographie. Dies war ein Beweis für das Vorhandensein einer Marsatmosphäre. Das langwellige Ultrarot wird weniger gebrochen als sichtbares Licht, und die Lichtstrahlen in einer Atmosphäre mit nach außen abnehmender Dichte werden deshalb weniger gekrümmt (vgl. S. 16).

Sehr eigentümlich sehen Landschaften mit grünen Bäumen und Wiesen auf Ultrarotphotographien aus (vgl. Abb. 87b). Das Laub wirft das ultrarote Licht so stark zurück, daß die Bäume aussehen, als wären sie mit Schnee bedeckt. Das ist sehr merkwürdig, denn das Chlorophyll und ebenso alle anderen in den Blättern enthaltenen Farbstoffe sind für das langwelligste Rot und das Ultrarot völlig durchlässig (vgl. Abb. 86). R. Mecke hat dieses Rätsel gelöst. Den Querschnitt eines Blattes zeigt Abb. 89. Außen liegt die Lederhaut, darunter das sog. Palisadengewebe. Beide werden von ultrarotem Licht geradlinig und fast ungeschwächt durchstrahlt. Nach der Unterseite des Blattes hin folgt dann das sog. Schwammparenchym, das sehr viele mit Luft gefüllte Zwischenräume enthält. Hier tritt deshalb häufig Totalreflexion ein, wobei die ultrarote Strahlung größtenteils nach allen möglichen Richtungen zerstreut, oben wieder austritt. Die Lufteinschlüsse bedingen also für das Ultrarot genau so wie beim Schnee für das gesamte sichtbare Licht eine Zerstreuung der Strahlung nach der Eintrittseite hin. Ein Blatt, bei dem die Lufteinschlüsse künstlich mit Wasser gefüllt sind, ist für das photographisch wirksame Ultrarot völlig durchlässig. Natürlich ist der Weg des sichtbaren Lichtes im Blatt ein ganz ähnlicher. Es werden aber dabei bestimmte Wellenlängen, nämlich hauptsächlich ein schmales Wellenlängengebiet im Rot und fast alles

Blau und Violett, im Blatt verschluckt, und das austretende Licht
sieht grün aus.

Weshalb hat wohl das Blatt diese merkwürdige Einrichtung,
mit der es das Licht zwingt, kreuz und quer in seinem Gewebe

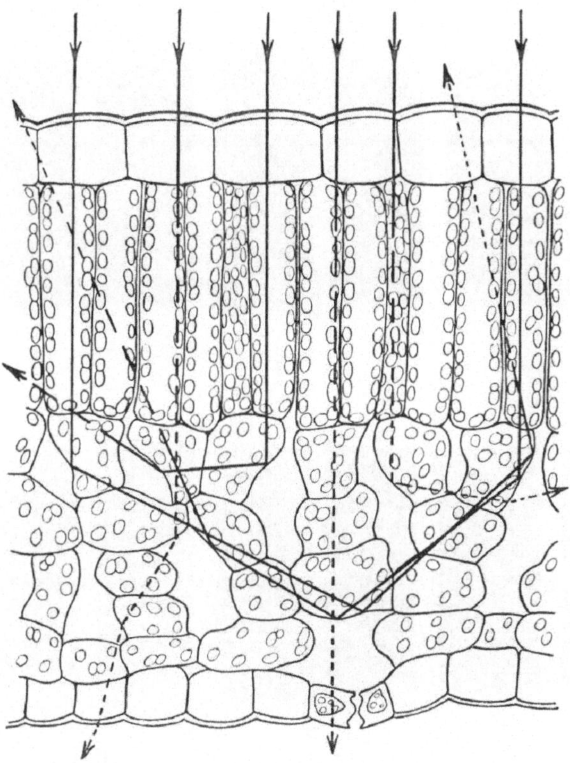

Abb. 89. Querschnitt durch ein Blatt und Lichtdurchgang.
(Nach Willstätter und Stoll.)

herumzulaufen und möglichst lange Wege darin zurückzulegen?
Der Teil des Lichtes, der vom Blattgrün verschluckt wird, hat
eine sehr wichtige Aufgabe zu verrichten. Die Existenz des
Lebens auf der Erde hängt ganz wesentlich von dieser Verrichtung
ab. Die Natur hat dafür gesorgt, daß das Licht eine möglichst
günstige Gelegenheit hat, sein Werk zu tun. Die Zerstreuung des
Ultrarot nach oben bedingt zugleich, daß das Blattwerk eine
schattenspendende Wirkung auch für das Ultrarot besitzt, obwohl

die Blattfarbstoffe für diese Strahlung durchsichtig sind. Das ist für den Wärmehaushalt des Waldes von Bedeutung. So enthüllt uns die Ultrarotphotographie hier wieder eines jener Naturwunder, an dem kein empfindender Mensch ohne ehrfürchtiges Staunen vorübergehen wird.

Abb. 90. Sieben Stoffmuster von schwarzer Farbe, die Infrarotaufnahme zeigt die gleichen Stoffmuster, der verschieden großen Infrarotreflexion entsprechend verschieden hell; oben normal, unten infrarot(Aus Helwich, Die Infrarot-Fotografie. Harzburg: Heering Verlag.)

Die Ultrarotphotographie hat viele praktische Anwendungen gefunden. Abb. 90 zeigt einige schwarze Stoffproben. Im ultraroten Licht sind sie nicht alle schwarz. Der schwarze Stoff C wird verhältnismäßig „kühl" sein, dagegen der Stoff A „warm". Die Haut der in heißen Gegenden der Erde wohnenden Neger reflektiert ultrarotes Licht. Auf einer Photographie mit Ultrarot sieht ein Neger „weiß" aus. Ganz unleserlich gewordene alte

108

Texte können häufig mit Hilfe einer Ultrarotphotographie gut leserlich werden, wenn die Tinten oder Farbstoffe, mit denen die Texte geschrieben wurden, ultrarotes Licht stärker absorbieren als die Unterlage (Abb. 91).

Abb. 91. Dieses Aufnahmepaar zeigt einen Papyrus, der durch eine Infrarotaufnahme lesbar gemacht werden konnte. Der Papyrus stammt aus der Sammlung der Österreichischen Nationalbibliothek in Wien. (Aus Helwich, Die Infrarot-Fotografie. Harzburg: Heering Verlag.)

b) Ultraviolettes Licht.

Versucht man mit einem empfindlichen Strahlungsempfänger, etwa einem Thermoelement oder Bolometer, jenseits des violetten Teils im Spektrum eine Strahlung durch ihre Wärmewirkung nachzuweisen, so erhält man bei unseren gebräuchlichen Lichtquellen eine kaum merkliche Erwärmung. Im Sonnenspektrum wird aber eine Wirkung leicht nachweisbar sein. Es gibt andere, sehr viel empfindlichere Mittel, die uns das Vorhandensein einer unsichtbaren kurzwelligen Strahlung, des ultravioletten Lichtes, verraten. Das Licht der Sonne, einer Bogenlampe, des Quecksilberlichtbogens und das Licht eines elektrischen Funkens, der zwischen zwei Elektroden aus Magnesium oder Aluminium erzeugt wird, enthält verhältnismäßig viel unsichtbares ultraviolettes Licht. Ein Schirm, der mit einer Schicht fein pulverisierter

a

b

Abb. 92. a Palinurina tenera Opp. aus dem lithographischen Kalk von Solnhofen (Geol. palaeont. Institut der Technischen Hochschule Charlottenburg). Aufnahme im Tageslicht. b Aufnahme des gleichen Objektes im Fluoreszenzlicht, das durch ultraviolettes Licht erregt wurde.

Sidot-Blende bedeckt ist, einer Substanz, die durch Licht
zu hellem, grünem Aufleuchten gebracht wird, leuchtet, wenn
man ein Sonnenspektrum darauf entwirft, noch weit jenseits des
violetten Endes des sichtbaren Spektrums. Das unsichtbare
ultraviolette Licht wird in dem phosphoreszierenden Stoff in
langwelliges grünes Licht umgewandelt, das auch im Dunkeln
mit allmählich abnehmender Helligkeit nachleuchtet. Wir lernen
hierbei eine ganz neuartige Erscheinung, die *Frequenzumwandlung*
des Lichtes, kennen. Diese Phosphoreszenz ist ebenso wie die
nur während der Belichtung erfolgende Lichtaussendung vieler
Stoffe, die Fluoreszenz, ein sehr verwickelter Vorgang. Das
ultraviolette Licht ist besonders geeignet, es zu erregen. Viele
organische Stoffe, Haare, Nägel, Augen leuchten bei Bestrahlung
mit ultraviolettem Licht hell auf. Ein geeignetes Filter, das nur
ultraviolettes Licht durchläßt, ist z. B. ein Silberniederschlag auf
einer Quarzplatte. Wenn man eine Versteinerung mit ultraviolettem Licht bestrahlt, fluoreszieren häufig die organischen
Reste der Muscheln, die am Stein haften, so hell, daß man
die Einzelheiten viel besser sehen und photographieren kann
(Abb. 92).

Das ultraviolette Licht wirkt auch stark auf die photographische
Platte. Die Ausmessung der Wellenlängen geschieht daher
photographisch mit Hilfe geeigneter Gitter. Die Linsen bestehen
aus ultraviolettdurchlässigem Quarz. Gewöhnliches Glas ist
für ultraviolettes Licht fast undurchlässig. Für sehr kurzwelliges
Ultraviolett ist Flußspat noch durchlässig, während die Luft
schon undurchlässig wird. Man kann dann im luftleergepumpten
Spektralapparat mit Flußspatoptik und mit besonders präpa-
rierten photographischen Platten arbeiten. Schließlich muß man
Linsen und Prismen ganz vermeiden und ein Konkavgitter mit
sehr feiner Teilung verwenden. So konnte man mit geeigneten
Lichtquellen bis zu einer kleinsten Wellenlänge von etwa 40 Å
vordringen. Diese Wellenlänge beträgt nur den 120-sten Teil einer
mittleren Wellenlänge des sichtbaren Lichtes.

Das ultraviolette Licht hat Johann Wilhelm Ritter (1776—1810)
entdeckt. Von diesem genialen Naturforscher der Romantik, dem
Freunde des Novalis aber auch des dänischen Physikers Oersted,
sagt Goethe: „Es ist eine Erscheinung zum Erstaunen, ein wahrer
Wissenshimmel auf Erden".

1801 veröffentlichte Ritter seine „Versuche über das Sonnenlicht". Er wies darin unter anderem nach, daß mit feuchtem, frischem Chlorsilber überstrichenes Papier im Sonnenspektrum sich zuerst *jenseits* des violetten Endes und dann erst im Violett und Blau verfärbte. Die genaue Erforschung des kurzwelligen ultravioletten Spektralgebietes verdankt man dem deutschen Forscher V. Schumann und den Amerikanern R. A. Millikan und Th. Lyman. Schumann hat als erster einen Vakuumspektographen mit Flußspatoptik konstruiert. Er hat auch für das kurzwellige Ultraviolett geeignete photographische Platten mit sehr wenig Gelatine (Schumannplatten) hergestellt. Es gelang ihm bis zu einer Wellenlänge von 1200 Å vorzudringen. Millikan und Lyman konnten endlich die früher noch vorhandene Lücke zwischen dem Ultraviolett und den Röntgenstrahlen mit einem evakuierbaren Gitterspektrographen überbrücken.

Das ultraviolette Licht zeigt noch eine Reihe spezifischer Eigenschaften, die beim sichtbaren und ultraroten Licht weniger ausgesprochen sind oder ihm auch ganz fehlen. Die starke Reizung und Bräunung der Haut durch ultraviolettes Licht ist jedem wohlbekannt. Auch die Netzhaut des Auges kann durch ultraviolettes Licht geschädigt werden. Daraus ersieht man, daß dieses unsichtbare Licht zum Teil in das Auge eindringen kann. Daß wir es nicht sehen, beruht also nicht etwa darauf, daß es gar nicht bis zur Netzhaut gelangt. Übrigens sollen Staroperierte, bei denen also die Augenlinse entfernt ist, noch eine schwache, grauviolette Lichtwahrnehmung bis zu einer Wellenlänge von 3020 Å.E. besitzen. Für die Medizin ist die antirachitische Wirkung von größter Bedeutung. Es handelt sich hierbei um eine chemische Wirkung des ultravioletten Lichtes, bei der aus 7-Dehydrocholesterin das antirachitische Vitamin D_3 gebildet wird. Auf einige andere Eigenschaften dieses kurzwelligen Lichtes kommen wir noch zurück. Die Wellenoptik kann keinerlei Erklärung dafür geben, weshalb das kurzwellige Licht so starke spezifische Wirkungen zeigt.

XI. Unsere Lichtquellen.

Unsere wichtigste Lichtquelle ist die Sonne. Unser Auge ist, wie Goethe sagt, „sonnenhaft", es ist für das Licht der Sonne zweckmäßig abgestimmt. Das Auge ist für Licht verschiedener Wellenlängen verschieden empfindlich. Dies zeigt Abb. 93 für das helladaptierte Auge. Bei gleicher Energie der Strahlung wird grünes Licht der Wellenlänge 5550 Å E. am hellsten empfunden. Sonnenlicht enthält alle möglichen Wellenlängen des sichtbaren Lichtes und noch solche weit über die Grenze des sichtbaren Lichtes hinaus, aber der Höchstwert der Energie im Spektrum liegt im Grünen, dort wo das Auge des Menschen und auch wohl das der meisten Tiere am empfindlichsten ist. Man kann nach bekannten Gesetzen der Temperaturstrahlung daraus entnehmen, daß die Temperatur der Sonnenoberfläche nahezu 6000° beträgt. Fast 40% der Gesamtstrahlung der Sonne besteht aus sichtbarem Licht. Die Sonne erfüllt aber nicht nur die Aufgabe, uns Licht zu liefern, ihre Strahlung erwärmt uns und versorgt uns

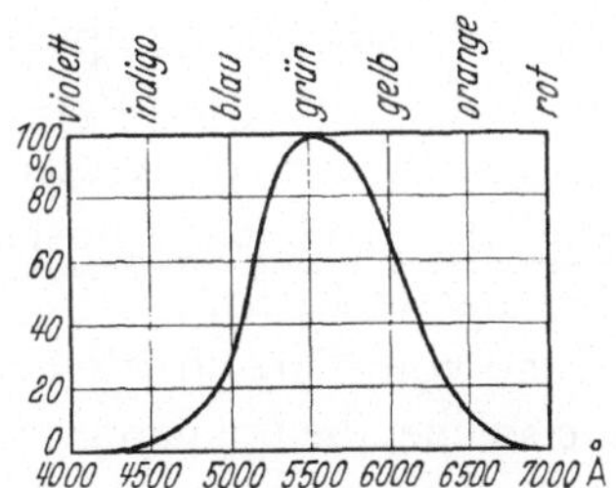

Abb. 93. Empfindlichkeitskurve des Auges für Licht verschiedener Wellenlänge.

durch die photochemischen Vorgänge in den Pflanzen mit Nahrung und Brennstoffen. Von den künstlichen Lichtquellen verlangen wir anderseits nur, daß sie uns Licht zum Sehen liefern. Eine gute Lichtquelle muß hell, wirtschaftlich und in der Farbe dem Sonnenlicht ähnlich sein. Zur Heizung dient uns der Ofen oder die Zentralheizung durch die ultrarote Strahlung, die sie liefern. Wir erwarten heute von unserem Ofen nicht mehr, daß er unsere Nächte erhellt, wie das Lagerfeuer der Nomaden oder das behagliche offene Kaminfeuer.

Die gebräuchlichsten Lichtquellen sind trotzdem Temperaturstrahler, meist glühende feste Körper. Sie strahlen deshalb nicht nur sichtbares Licht, sondern auch ultrarotes wie die Sonne und wie unsere Öfen. In den Glühlampen bringen wir einen Wolframdraht im Vakuum oder in einer Atmosphäre eines chemisch unwirksamen Gases, Stickstoff, Argon oder auch Krypton, durch den elektrischen Strom zum Glühen. Bei Gasfüllung kann man den Faden auf höhere Temperatur erhitzen, weil die Gasmoleküle die Verdampfungsgeschwindigkeit des Wolframs herabsetzen. Die schweren Edelgase, vor allem Krypton, besitzen überdies eine kleine Wärmeleitfähigkeit, so daß eine zu große Ableitung der Wärme vermieden wird. Obwohl der Umsatz der zugeführten Energie in Strahlung hierbei ein fast vollständiger ist, sind die Glühlampen doch sehr unwirtschaftliche Lichtquellen. Wolfram schmilzt erst bei einer Temperatur von 3380°. Es ist das am schwersten schmelzbare Metall. Aber auch unter den günstigsten Bedingungen verträgt selbst dieser Werkstoff für längere Zeit keine höhere Temperatur als 2700°. Bei einer so niedrigen Temperatur ist der ultrarote Anteil der Strahlung noch sehr groß, der im Sichtbaren gelegene Anteil beträgt weniger als 10% der Gesamtstrahlung. Mehr als 90% dient also lediglich zur Heizung unserer Räume, auch wenn wir gar keinen Wert darauf legen.

Eine vom wirtschaftlichen Standpunkt ideale Lichtquelle wäre eine solche, die die ganze zugeführte Energie in Licht von nahezu *der* Wellenlänge umsetzte, für die das Auge die größte Empfindlichkeit hat. Diese Lichtquelle hätte die maximalmögliche Lichtausbeute. Sie wäre allerdings einfarbig, und bei ihrem Lichte wäre eine Farbunterscheidung nicht möglich.

Aus Tab. 2 entnimmt man, daß die Lichtausbeute der üblichen Temperaturstrahler nur einen sehr kleinen Bruchteil dieser idealen Lichtausbeute beträgt.

Tabelle 2.

		Lichtausbeute in % der optimalen
	Gasglühlicht	0,2
	Kohlenfadenlampe	0,4
Temperaturstrahler	Kohlenbogenlampe	1—2
	Luftleere Wolframlampe	1,5
	Gasgefüllte Wo-Lampe	3

Auch die altbekannte Kohlenbogenlampe, die früher viel zur Straßenbeleuchtung verwendet wurde, bei der der leuchtende Krater der positiven Kohle als Lichtquelle dient, liefert eine verhältnismäßig kleine Lichtausbeute. Wir besitzen aber noch die Möglichkeit, die einfarbigen Strahlungen der Elemente im Dampf- oder Gaszustand z. B. durch elektrische Entladung zu erregen und auf diese Weise neue Lichtquellen herzustellen. Beispiele sind die farbigen Reklameleuchtröhren und die Gasentladungslampen, von denen die Natriumdampfbogenlampe (rein gelbes Licht) und die Quecksilberbogenlampe (grünlichblauweißes Licht) die bekanntesten sind. In der Natur finden wir eine ähnliche Art des Leuchtens beim Nordlicht verwirklicht.

Die Atome der Materie werden bei dieser Lichterregung direkt durch den Stoß von Elektronen, den bekannten negativ geladenen Atomen der Elektrizität, die wir in den Kathodenstrahlen als schnellbewegte Geschosse kennen, zum Leuchten gebracht. In den technischen Entladungsröhren werden die Elektronen durch die an das Rohr angelegte Spannung beschleunigt. Die Temperatur kann dabei niedrig sein. Es ist bei diesem kalten Luminiszenzleuchten im Gegensatz zum Temperaturleuchten, das durch die heftigen Zusammenstöße der Atome bei hoher Temperatur erregt wird, möglich zu erreichen, daß ein größerer Teil der zugeführten Energie in sichtbares Licht einer Farbe für die das Auge recht empfindlich ist, umgesetzt wird. Man erreicht z. B. mit Natriumbogenlampen eine maximale Lichtausbeute von 13 % der optimalen. Da das Licht rein gelb ist, können solche Lampen nur zu Sonderzwecken, z. B. für die Beleuchtung der Ausfahrtstraßen für den Kraftwagenverkehr verwendet werden. Im Lichte der Quecksilberbogenlampe fehlt rotes Licht vollständig. Man wird diese Lampe daher zur Beleuchtung von Straßen und Plätzen meist mit Glühlampen kombiniert verwenden.

In den letzten Jahrzehnten ist die sog. „Leuchtstofflampe", eine Quecksilberentladungsröhre bei niedrigem Druck kombiniert mit Fluoreszenzwirkung entwickelt worden. Seit dem Kriege findet diese Lampe auch in Deutschland eine dauernd steigende Verwendung für die Beleuchtung von Straßen, Gewerbebetrieben, Schaufenstern und Sälen. In den Zeitungen hat sich für dieses Licht ohne ersichtlichen Grund die Bezeichnung „Neonlicht" eingebürgert, obwohl das Neonlicht orangerot ist. Im Lichte des leuchtenden Quecksilberdampfes sind starke ultraviolette Strahlungen enthalten mit den Wellenlängen 2537 Å und 1850 Å. Dieses Licht kann das Glas der Röhre nicht durchdringen. Belegt man aber das Innere der Röhrenwand mit einer fluoreszenzfähigen Masse, so wird dieser Leuchtstoff durch die ultraviolette Strahlung zu hellem sichtbaren Leuchten mit gutem Nutzeffekt angeregt. Man kann heute viele ausgezeichnete Leuchtstoffe herstellen, die in verschiedenen Farben leuchten. Das Spektrum besteht aus breiten Spektralbändern. Das mit dem Fluoreszenzleuchten kombinierte Quecksilberlicht der Leuchtstofflampen kann dem Tageslicht ähnlich sein, oder auch mit

einem wärmeren gelblichen Ton leuchten. Über 20% der zugeführten elektrischen Energie wird dabei in sichtbares Licht
umgewandelt. Tab. 3 gibt eine Übersicht über die gute Lichtausbeute der Luminiszenzstrahler.

Tabelle 3.

		Lichtausbeute in % der optimalen
Luminiszenzstrahler	Natriumbogenlampe	10—13%
	Quecksilberbogenlampe . .	7%
	Leuchtstoffröhren	9%

Auch die Lebensdauer dieser Lampen ist größer als die der
Glühlampen. Die Lichtausbeute und damit die Wirtschaftlichkeit
ist nicht der einzige, ja nicht einmal der wichtigste Gesichtspunkt,
von dem die Leuchttechnik sich leiten läßt. Wir sahen schon,
daß ein geeigneter Farbton oft wichtiger ist. Man verwendet
ferner heute mattierte Glaskolben oder Kolben aus Opalglas für
die handelsüblichen Glühlampen. Diese Maßnahme bezweckt
die Verminderung der Blendung durch die kleine, hell leuchtende
Glühwendel. Man setzt auf diese Weise die zu große Leuchtdichte durch Schaffung einer größeren Leuchtfläche herab.
Die Leuchtdichten der Gasentladungslampen und Leuchtstofflampen sind nur mäßig, deshalb haben diese Lampen die Gestalt
von langen Rohren. Die Beleuchtung ist dann ziemlich diffus
ohne scharfe Schatten. Für spezielle Zwecke sind wiederum
Lichtquellen von sehr kleiner Ausdehnung und hoher Lichtstärke, also großer Leuchtdichte, erforderlich, z. B. für Bildwerfer, Kinoprojektoren, Scheinwerfer usw. Auch solche Lichtquellen sind von der Technik neuerdings entwickelt worden.
Ihre Leuchtdichte übertrifft die der Sonne z. T. beträchtlich.
Die Menschen unserer Tage sind durch gute Beleuchtung reichlich verwöhnt, die Technik hat sich genaue Unterlagen verschafft
über die erforderliche Beleuchtungsstärke und die beste Art der
Beleuchtung für Arbeitsplätze aller Art, Wohnräume und Straßen
und stellt die geeigneten Leuchtkörper für die verschiedensten
Zwecke her. Man wird die große Leistung der Lichttechnik
besser würdigen, wenn man erfährt, daß noch vor wenig mehr als
hundert Jahren Goethe schreiben konnte:

„Weiß nicht, was sie Beßres erfinden könnten
Als daß die Lichter ohne Putzen brennten”.

Es war in der Tat eine originelle Idee, die diesen Wunsch nach der Abschaffung der Lichtputzschere später verwirklichte. Der Docht wird so gedrillt, daß sich sein Ende beim Abbrennen krümmt und dreht. Das Ende gerät dadurch in den heißen oxydierenden Saum der Flamme, wo eine vollständige Verbrennung ohne Rückstand stattfindet.

Dem stimmungsvollen warmen Licht der alten Studierlampe oder des festlichen Kerzenkronleuchters nachzutrauern, mag heute immerhin als romantische Schwärmerei empfunden werden; daß unsere Kultur ihm manche unvergänglichen Werte verdankt, wird man kaum bezweifeln können.

XII. Etwas von dem, was uns die Spektrallinien erzählen.

a) Anwendung der Spektralanalyse.

Schon Herschel und Talbot zu Anfang des 18. Jahrhunderts wußten, daß man aus den Spektrallinien des Lichtes, das von leuchtenden Stoffen im Dampf- oder Gaszustand ausgestrahlt wurde, auf die chemische Natur der Stoffe schließen kann. Sehr geringe Stoffmengen reichen zum Nachweis aus. Aber erst Kirchhoff und Bunsen erkannten, daß jedes chemische Element, also jede Atomart, bestimmte kennzeichnende Spektrallinien liefert, unabhängig von der Anwesenheit anderer Stoffe und unabhängig von der chemischen Verbindung, in der das Element vorhanden ist. Diese Entdeckung hatte alsbald die Auffindung neuer Elemente auf spektralanalytischem Wege zur Folge. Kirchhoff und Bunsen entdeckten 1860 im Dürkheimer Mineralwasser das Cäsium, 1861 das Rubidium. Crookes fand im Spektrum des Schlammes einer Schwefelsäurefabrik das Thallium. Später wurde von Reich und Richter das Indium, von Winkler das Germanium, von Lecoq de Boisbaudran das Gallium und Samarium aufgefunden. Auch die Edelgase Helium und Neon sind von Ramsay und Travers durch ihr Spektrum entdeckt worden.

Die spektralanalytischen Verfahren sind in neuerer Zeit sehr verbessert worden und haben erneut an Bedeutung gewonnen, vor allem, weil sie dank der Bemühungen von W. Gerlach nunmehr auch für mengenmäßige Bestimmungen brauchbar sind. Unsere Kenntnisse über die Spektren sind seit der Entdeckung von Kirchhoff und Bunsen sehr gewachsen. Man fand in der ungeheuer großen Zahl der Spektrallinien viele fast gleicher Wellenlänge, die aber verschiedenen Elementen angehören. Man fand ferner, daß das Spektrum des gleichen Elementes verschieden ausfällt, je nachdem, wie das Leuchten erregt wird, ob z. B. ein elektrischer Funke, ein Lichtbogen oder eine Flamme verwendet wird. In dem einen Falle können bestimmte Spektrallinien stark auftreten, die in einem anderen völlig fehlen, wenn die gleiche Probe untersucht wird. Das Spektrum ein und desselben Atoms ist nämlich ein ganz anderes, je nachdem ob es von dem neutralen Atom ausgesandt wird oder von dem einfach- oder mehrfachionisierten, d. h. von einem Atom, von dem ein oder mehrere Elektronen abgetrennt sind. Eine große Erfahrung ist deshalb erforderlich, und es mußten genaue Vorschriften ausgearbeitet werden, damit Trugschlüsse vermieden werden.

Das Anwendungsgebiet der Spektralanalyse ist sehr groß und mannigfaltig: Die Untersuchung von Mineralien, Gläsern, Heilquellen auf kleine Mengen seltener Erden oder anderer Elemente, quantitative Reinheitsprüfung von Metallen oder von Substanzen, die für chemische Atomgewichtsbestimmungen dienen sollen, Untersuchung von Metallegierungen auf ihre Zusammensetzung und vieles andere. In der gerichtlichen Medizin kann man bei Vergiftungen oder Schußwunden häufig über die Art des Giftes, und durch die Prüfung des Wundgewebes auf Metallspuren über die Art des Geschosses Auskunft erhalten. Auch bei gewissen Gewerbekrankheiten, z. B. Staublunge von Bergarbeitern, sind wertvolle Feststellungen möglich. Winzige Mengen von Schwermetallen spielen im Stoffwechsel eine bedeutende Rolle. Ihre Verteilung, Ablagerung und Ausscheidung kann man mengenmäßig verfolgen. Schon Bunsen hat in der herausgenommenen Augenlinse von Staroperierten, die einige Zeit vor der Operation ein Lithiumsalz eingenommen hatten, Lithium spektralanalytisch nachgewiesen. Daß sogar für die Kunstgeschichte die Spektralanalyse wertvoll sein kann, soll folgendes Beispiel zeigen:

Abb. 94 stellt einen schönen alten Becher aus rotem Glas mit Goldarbeit dar. Für die kunstgeschichtliche Bestimmung war es

wesentlich, zu wissen, ob das Glas ein sogenanntes Goldrubinglas
oder ein Kupferrubinglas ist. Der färbende Bestandteil ist in dem
einen Falle kolloidales Gold, im andern kolloidales Kupfer.
Ohne das Glas zu beschädigen, ist das schwer zu ermitteln. Die
große Empfindlichkeit der Spektralanalyse gestattete es Gerlach,

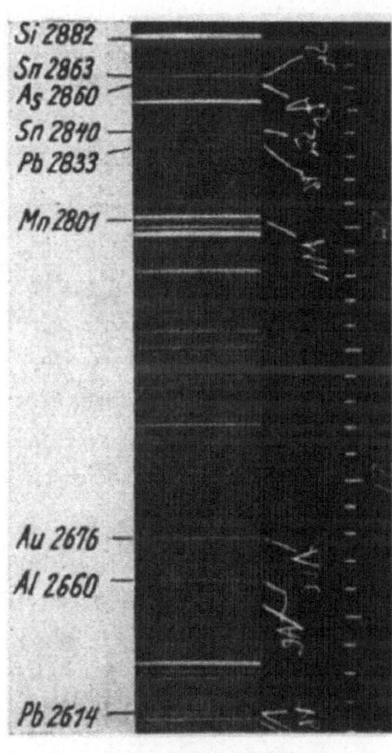

Abb. 94. Alter Becher aus Rubinglas.
(Museum für Kunsthandwerk,
Frankfurt a. M.)

Abb. 95.　Spektralanalytische
Untersuchung einer Glasprobe
des Bechers. (Nach Gerlach).

in einer winzigen Menge von Glaspulver, das an einer etwas aus-
gesplitterten Stelle mit einer Nadel abgeschabt wurde, eindeutig
Gold- und Zinnlinien aufzufinden (Abb. 95).

Der färbende Bestandteil ist der schon A. Cassius im 17. Jahrhundert bekannte Goldpurpur, der durch Reduktion von ver-
dünnter Goldchloridlösung durch teilweise oxydiertes Zinnchlorür
entsteht. Der Goldpurpur besteht aus einer Adsorption von
kolloidalem Gold an Zinnsäure. Man kann das fein verteilte

Gold in einem Glasfluß auflösen. Nach schnellem Abkühlen erhält man ein farbloses Glas, das beim Erwärmen rot wird. Ein Teil Gold auf 100000 Teile Glas gibt noch ein prächtiges Rosa.

Johann Kunckel (1630—1703), ein bekannter Naturforscher seiner Zeit, der gewöhnlich zu den Alchimisten gerechnet wird, hat das Verdienst, als erster größere Mengen von Rubinglas hergestellt zu haben. Von ihm stammt ohne Zweifel auch der hier abgebildete Becher.

b) Das Licht der Sonne und der Sterne.

Das Spektrum der Fixsterne ist ebenso wie das der Sonne ein kontinuierliches. Viele Fixsterne haben aber für das Auge eine andere Farbe als die Sonne. Es gibt ausgesprochen rote, gelbe und weiße Sterne. Das liegt an der verschieden hohen Temperatur der Fixsterne. Eine Temperaturbestimmung ist nach dem bekannten Gesetze der Temperaturstrahlung möglich, wenn man ermittelt, bei welcher Wellenlänge der Höchstwert der Strahlungsintensität liegt. Die weißen Sterne sind heißer, die roten kälter.

Alle Sterne haben ebenso wie die Sonne Spektrallinien im Spektrum, die, außer bei bestimmten Sternen, dunkler sind als der Untergrund. Das sind die von Fraunhofer in der Sonne entdeckten Fraunhoferschen Linien. Über 20000 Fraunhofersche Linien sind in der Sonne beobachtet. Kirchhoff und Bunsen verdankt man die wichtige Entdeckung, daß diese Linien genau an den Stellen des Spektrums auftreten, an denen die Emissionslinien bekannter irdischer Elemente liegen. Auf diese Weise ist es möglich, die auf der Sonne und den Sternen vorhandenen Elemente zu ermitteln. Das Helium wurde sogar von Norman Lockyer in den Protuberanzen der Sonne mit dem Spektroskop entdeckt, ehe es auf der Erde bekannt war. Die meisten dunklen Fraunhoferschen Linien entstehen beim Durchgang der kontinuierlichen Sonnenstrahlung durch die Sonnenatmosphäre, die sogenannte Chromosphäre, einige auch erst in der Atmosphäre der Erde. Die Sonnenatmosphäre selbst sendet helle Spektrallinien aus, aber im kontinuierlichen Spektrum erscheinen die Linien dunkel, weil gerade an diesen Stellen das durchgehende Licht stark geschwächt wird. Die stärksten Fraunhoferschen Linien, ihre Bezeichnung und Zuordnung zeigt Abb. 96.

Die hellen Linien der dampfförmigen Sonnenatmosphäre kann man in der sogenannten umkehrenden Schicht, einer schmalen Dampfhülle oberhalb der äußeren Sonnenbegrenzung, der Photosphäre, für einige wenige Augenblicke beobachten, wenn bei einer Sonnenfinsternis der fortschreitende Mond gerade eben noch einen ganz schmalen Rand der Sonnenoberfläche auf der

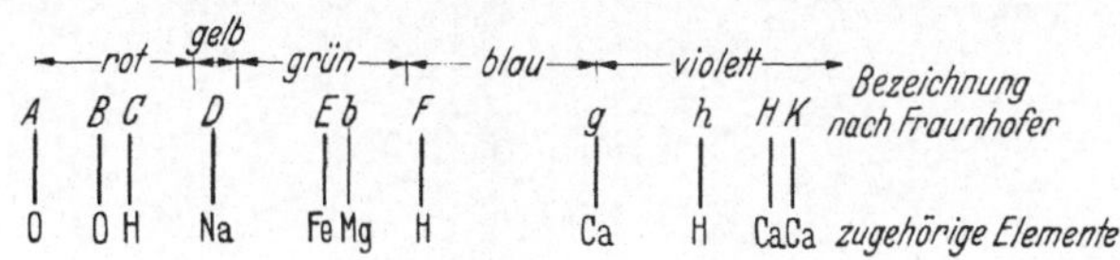

Abb. 96.
Die stärksten Fraunhoferschen Linien im Sonnenspektrum.

einen Seite frei läßt (sog. Flashspektrum). Die Linien des Wasserstoffs, des Heliums und vieler Metalle treten hier auf. Wenn die Mondscheibe die Sonne ganz verdeckt, erscheint ein roter, 10—15 Bogensekunden breiter Ring um die Sonne. Das ist die Chromosphäre mit den Protuberanzen. Weiter außen schließt als silberweißer lichtschwacher Saum die Sonnenkorona an. In der Chromosphäre findet man hauptsächlich Wasserstoff-, Helium- und Kalziumlinien, aber auch Spektrallinien anderer Metalle. Im Lichte der Korona sind mehrere helle Spektrallinien aufgefunden worden, deren Zuordnung zu bekannten Elementen lange Zeit unbekannt blieb. Die stärksten dieser Linien sind: eine grüne Linie 5303 Å, die schon im Jahre 1869 von Harkness und Young entdeckt wurde, und drei rote Linien, 6374 Å, 6702 Å und 7892 Å. Erst im Jahre 1941 gelang es B. Edlén in Upsala diese Spektrallinien in geeigneten irdischen Lichtquellen zu erhalten. Sie werden von sehr hoch ionisierten Atomen ausgesandt, und zwar die grüne Linie vom Eisenatom, das 13 Elektronen verloren hat, während die roten Linien der Reihe nach dem neunfach ionisierten Eisen, dem 13fach ionisierten Nickel und dem 10 fach ionisierten Eisen angehören.

Im Jahre 1931 ist es dem französischen Astronomen B. Lyot gelungen, einen Koronographen zu konstruieren, mit dem man das Spektrum der inneren Korona photographieren kann, obwohl die Sonne nicht verfinstert ist. Man glaubte früher, daß das atmosphärische und instrumentelle Streulicht auch bei sorgfältiger Abdeckung des Sonnenbildes im Fernrohr die Beobachtung der inneren Korona und des Koronaspektrums unmöglich machen würde. Lyot hat das Bild der Sonnenscheibe durch eine

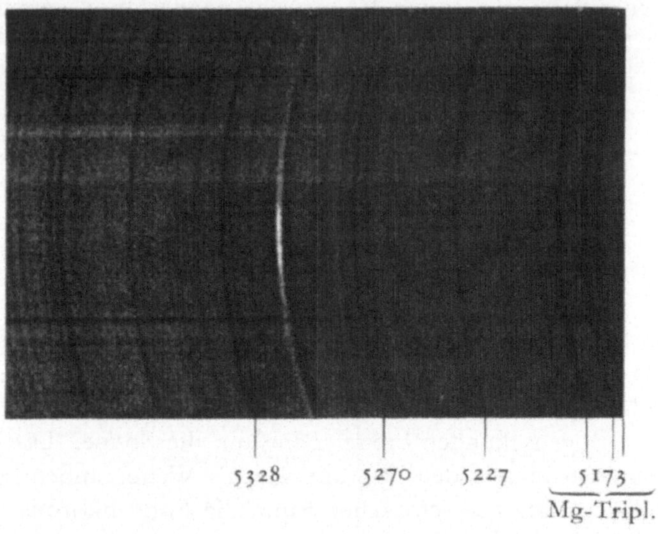

Abb. 97. Grüne Koronalinie 5303 Å. Außerdem Fraunhofersche Linien herrührend von Streulicht. Aufgenommen mit Koronagraphen mit kreisbogenförmigem Spalt am Sonnenrand. 1952 Febr. 24 auf dem Obs. Wendelstein von R. Müller.

kreisrunde Blende im Fernrohr vollständig abgedeckt, sein Fernrohr mit einer einfachen, besonders fehlerfreien Linse versehen, Staub auf der Linse so weit als irgend möglich vermieden, durch eine Zwischenabbildung und eine passende Blende dafür gesorgt, daß das von der Beugung an der Eintrittsöffnung herrührende Streulicht ausgeschaltet wird und endlich das zerstreute Himmelslicht durch ein geeignetes Farbfilter soweit als möglich abgeschwächt. Es gelang ihm, auf diese Weise auf dem 2870 m hohen Pic du Midi in den Pyrenäen Beobachtungen der inneren Korona und Aufnahmen ihres Spektrums zu ermöglichen. Mit

diesem Koronographen lassen sich auch sehr schöne Zeitrafferaufnahmen von Protuberanzen herstellen. Solche Instrumente
sind heute auf vielen Punkten der Erde aufgestellt, z. B. auch auf
dem *Observatorium Wendelstein* der Bayer. Akademie der Wissenschaften, in 1840 m Höhe. Abb. 97 zeigt die grüne Koronalinie
hell und mehrere vom Streulicht herrührende Fraunhofersche
Linien. Abb. 98 zeigt eine schöne Aufnahme einer Protuberanz.
Beide Aufnahmen sind mit einem Koronographen von R. Müller
auf dem Wendelstein-Observatorium hergestellt.

Viele gelbe Fixsterne
zeigen ähnliche Spektren
wie die Sonne. Man hat
die Sterne dieser Spektral-
klasse als G-Sterne be-
zeichnet. Die roten und
weißen Sterne, die eine
andere Temperatur besit-
zen als die Sonne, unter-
scheiden sich auch von der
Sonne durch das Aussehen
ihres Linienspektrums. Die
Tab. 4 gibt eine kurze
Übersicht über die wich-
tigsten Sternklassen.

Man darf aus dem Feh-
len der Spektrallinien bestimmter Elemente nicht
etwa schließen, daß die
betreffenden Elemente auf
dem Stern nicht vorhan-
den sind. Man weiß aber

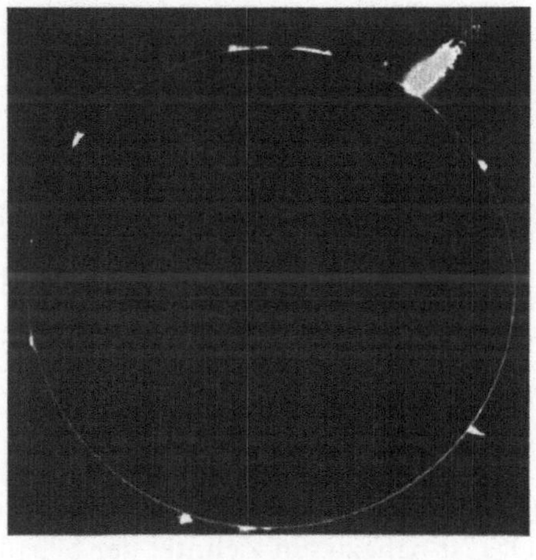

Abb. 98.
Aufnahme einer eruptiven Protuberanz
im Höhepunkt ihrer Entwicklung.
1948 Juni 11. Mittlere Geschwindigkeit
$9^h 58^m$ — $10^h 14^m$ 193 km/sec. Größte
Höhe 275 000 km. Aufgenommen mit
dem Koronographen Obs. Wendelstein
von R. Müller.

heute so viel über die Bedingungen, unter denen bestimmte
Spektrallinien erregt werden, daß man z. B. aus den kennzeichnenden Linienspektren der Sterne wiederum ihre Temperatur
abschätzen kann. Es ergeben sich sehr nahe die gleichen Werte,
die man auch aus der Wellenlänge größter Energie im kontinuierlichen Spektrum ermittelt.

Tabelle 4.

Spektral-klasse	Temperatur effektiv	Farbe	Spektrum
P	—	—	sog. planetarische Nebel. Helle Linien.
W	—	—	Breite Emissionsbanden.
O	35000	weiß	Dunkle Linien. Ionisiertes Hel.
B	25000—15000	weiß	Neutrales Helium. Ionisiertes Silicium u. ionis. Sauerstoff. Wasserstoff.
A	11000—8500	weiß	Wasserstoff maximal, ionisierte Metalle, H- und K-Linien des ion. Kalziums.
F	7500—6500	gelblich	H- und K-Linien und andere Metalle zunehmend.
G	6000—5400	gelb	Sonnenähnliche Sterne. H- und K-Linien stark. Viele Metalle, Wasserstoff noch deutlich.
K	4900—3900	tiefgelb	H- und K-Linien maximal, sehr viele Metallinien.
M	etwa 3500	rot	Bandenspektren (Molekülspektren) vorherrschend.

c) Der Dopplereffekt.

Wir denken uns einen Beobachter, der sich mit etwa 30 m/sec (Schnellzugsgeschwindigkeit) auf eine Schallquelle zu bewegt. Das ist nahezu ein Zehntel der Schallgeschwindigkeit. Es müssen dann in der Zeiteinheit ein zehntelmal mehr Schwingungen das Ohr des Beobachters treffen als in der Ruhe. Wenn die Schallquelle 400 Schwingungen in der Sekunde aussendet, so hört der Beobachter den *höheren* Ton von 440 Schwingungen pro Sekunde. Wenn der Beobachter sich von der Schallquelle entfernt, so wird umgekehrt der Ton auf 360 Schwingungen pro Sekunde *erniedrigt*. Das ist der Dopplereffekt[1] in der Akustik. Eine einfache Überlegung zeigt, daß es in der ersten Näherung gleichgültig ist, ob der Beobachter oder die Schallquelle sich bewegt. In der Tat kann jedermann die Erniedrigung des Tones beobachten, wenn eine pfeifende Lokomotive an ihm vorüberfährt. Bestimmt man die Änderung der Frequenz quantitativ, so kann man die Geschwindigkeit der Schallquelle ermitteln.

---

[1] Nach dem österreichischen Physiker Doppler (1842).

Das Dopplersche Prinzip gilt für alle Arten von Wellen-
vorgängen. Es muß deshalb auch eine auf uns zueilende Lichtquelle ihre Farbe nach Blau, eine von uns forteilende nach Rot
ändern. Wegen der außerordentlichen Größe der Lichtgeschwindigkeit macht sich der optische Dopplereffekt erst bei einer
sehr großen Geschwindigkeit der Lichtquelle bemerkbar. Man
kann auch dann kaum erwarten, einfach mit dem Auge eine
Farbänderung zu sehen. Im Spektrum erscheinen aber die
Spektrallinien etwas nach kürzeren oder längeren Wellenlängen
verschoben, je nachdem die Lichtquelle sich auf den Spektralapparat zu- oder von ihm fortbewegt.

Die Fixsterne besitzen Radialgeschwindigkeiten gegen das
Sonnensystem, die zwischen einigen wenigen Kilometern und
mehreren hundert Kilometern pro Sekunde liegen. Die Fraunhoferschen Linien auf dem Stern zeigen deshalb einen Dopplereffekt. Bei den weit entfernten Spiralnebeln, die als getrennte
Milchstraßensysteme anzusehen sind, hat man außerordentlich
große Linienverschiebungen nach Rot gefunden. Diese Welt-
systeme scheinen mit um so größerer Geschwindigkeit von uns
zu fliehen, je weiter sie schon entfernt sind. Geschwindigkeit und
Entfernung sind einander proportional. Man hat Geschwindigkeiten bis zu 40 000 km/sec aus der Linienverschiebung ausge-
rechnet bei Nebelentfernungen von 230 Millionen Lichtjahren.
Neueste Beobachtungen mit dem 5 m-Reflektor auf dem *Mt.
Palomar* haben an noch ferneren Nebeln, deren Abstand auf
360 Millionen Lichtjahre geschätzt wird, sogar Geschwindigkeiten von 61 000 km/sec ergeben! Ob es sich bei diesen großen
Linienverschiebungen, bei denen eine Spektrallinie tatsächlich
in ein für das Auge ganz andersfarbiges Gebiet des Spektrums
verlagert wird, wirklich um die Folge einer so ungeheuer großen
Radialgeschwindigkeit, also um einen Dopplereffekt handelt,
ist noch nicht völlig sichergestellt. Jedenfalls haben wir es aber
mit einer höchst merkwürdigen Beobachtung zu tun.

Eine Stelle auf der Sonnenoberfläche hat wegen der ostwest-
lichen Sonnenrotation um ihre Achse eine Geschwindigkeit von
rund 2 km/sec. Am Ostrande findet deshalb eine Verschiebung der
Spektrallinien nach Violett, am Westrande nach Rot statt. Unter
den Fraunhoferschen Linien der Sonne gibt es auch solche,

die erst in der Erdatmosphäre entstehen. Diese zeigen keinen Dopplereffekt und können dadurch als atmosphärische Linien erkannt werden.

Die Spektrallinien von Doppelsternen erscheinen in regelmäßigen Zeitabständen abwechselnd verdoppelt und einfach. Während die beiden Sterne 1 und 2 um ihren gemeinsamen Schwerpunkt kreisen, nähert sich der eine der Erde, während sich der andere von ihr entfernt (Abb. 99, Stellung *a* und *c*). Die Linien sind dann verdoppelt. Dazwischen gibt

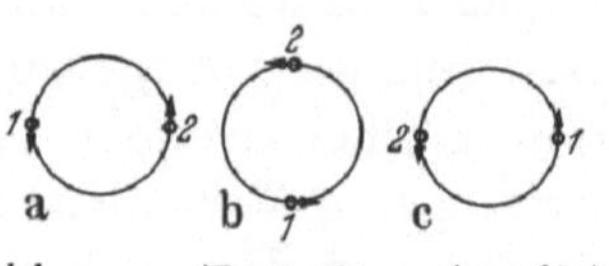

Abb. 99. Zum Dopplereffekt bei Doppelsternen.

es eine Stellung (*b*), bei der keiner der beiden Sterne eine gesonderte Geschwindigkeit auf unser Sonnensystem zu besitzt und

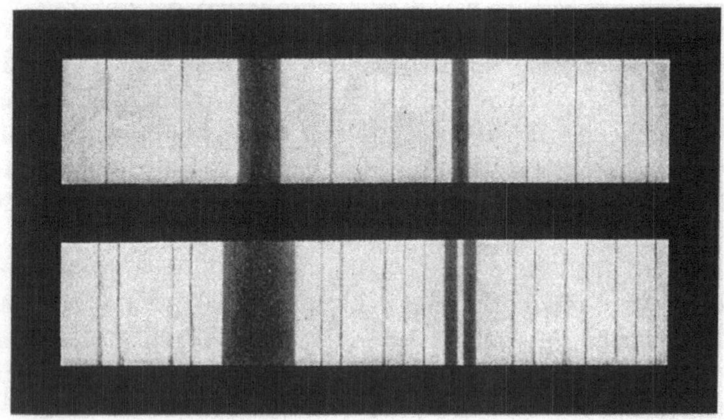

Abb. 100. Linienverdoppelung bei Doppelsternen (Dopplereffekt).

nur einfache Spektrallinien auftreten. Abb. 100 zeigt die Spektrallinien solch eines spektroskopischen Doppelsternes. Das Spektroskop verrät uns, daß wir einen Doppelstern vor uns haben und ermöglicht die Bestimmung der Umlaufzeit, auch wenn es sich um ein so enges Paar handelt, daß die größten Fernrohre nur einen einzigen Stern erkennen lassen.

Alle die bisher betrachteten Fälle betreffen die Bewegung außerirdischer Körper. Im Laboratorium kann man den Dopplereffekt besonders schön an dem Leuchten der schnell bewegten

Atome in den Kanalstrahlen beobachten. Diese Entdeckung verdankt man J. Stark. Die Kanalstrahlteilchen werden als positive Ionen in einer Entladungsröhre mit verdünntem Gas durch eine Spannung von etwa 30000 Volt auf die Kathode zu beschleunigt und treten durch einen Kanal in der Kathode in einen feldfreien Raum, in dem sie als leuchtendes Bündel sichtbar sind (Abb. 101). Wasserstoffatome erhalten dann eine Geschwindigkeit von rund 2500 km/sec! Die Linienverschiebung nach Blau, die man erhält, wenn die Strahlen auf den Spektralapparat zulaufen, ist leicht zu beobachten. Neben der verschobenen Spektrallinie erhält man auch

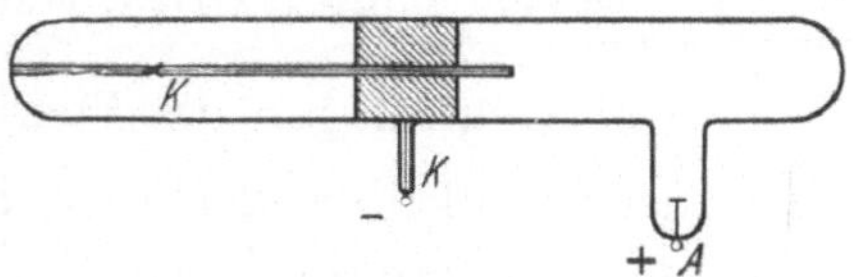

Abb. 101. Kanalstrahlenrohr.

die unverschobene, da auch das ruhende Wasserstoffgas durch die Kanalstrahlen zum Leuchten erregt werden. Eine schöne Aufnahme des Dopplereffektes mit Wasserstoffkanalstrahlen ganz einheitlicher Geschwindigkeit zeigt Abb. 102. Die Geschwindigkeit der Strahlen läßt sich einerseits aus der Linienverschiebung, anderseits aus der beschleunigenden Spannung ermitteln. Auf beiden Wegen kommt man zum gleichen Ergebnis.

Fabry und Buisson ließen eine weiße Pappscheibe, die mit dem Lichte einer Quecksilberlampe beleuchtet wurde, mit großer Geschwindigkeit umlaufen. Die Umlaufgeschwindigkeit am Scheibenrand betrug 100 m/sec. Von der Seite gesehen erscheint die Scheibe als eine

Abb. 102. Dopplereffekt mit dem Lichte der Kanalstrahlen (nach Billing). Wasserstofflinie H_β R „ruhendes", B „bewegtes" Leuchten.

sehr schmale Ellipse, deren oberer und unterer Rand sich mit 100 m/sec auf den Beobachter zu bzw. von ihm fortbewegt. Mit einem Spektralapparat, der sehr kleine Wellenlängenänderungen zu messen gestattet (s. S. 65), ließ sich der Dopplereffekt an den Quecksilberlinien nachweisen, wenn man das Licht von dem zurückweichenden oder auf den Beobachter zueilenden Scheibenrand in den Spektralapparat eintreten ließ. Die Höchstgeschwindigkeit von Düsenflugzeugen in großer Höhe beträgt heute 1800 km/Std., das sind 500 m/sec. Diese Geschwindigkeit, die größer ist als die Schallgeschwindigkeit, ist hinreichend zu einem Nachweis des optischen Dopplereffektes mit unseren besten Spektralapparaten.

XIII. Elektromagnetische Wellen.

a) Grundlagen des Elektromagnetismus.

Den Schwierigkeiten der elastischen Lichttheorie und der mechanischen Äthermodelle wurde ein Ende bereitet, als J. Clerc Maxwell (1865) als Folgerung aus seiner Elektrodynamik erkannte, daß „Licht eine elektromagnetische Störung ist, die sich nach den elektromagnetischen Gesetzen fortpflanzt". Schon 1856 hatten wichtige Versuche von R. Kohlrausch und W. Weber gezeigt, daß in den Erscheinungen des Elektromagnetismus die Lichtgeschwindigkeit auftritt.

Die Maxwellsche Elektrodynamik ist eine quantitative mathematische Formulierung der experimentellen Ergebnisse und Anschauungen, die M. Faraday beim Studium der elektrischen und magnetischen Erscheinungen gewonnen hatte und die für seine Zeitgenossen schwer verständlich waren. Ein Satz aus der bekannten Faraday-Vorlesung (1881) von Helmholtz mag die Bedeutung der Untersuchungen von Faraday und ihrer späteren Darstellung durch Maxwell ins rechte Licht setzen:

„Seitdem die mathematische Interpretation von Faradays Sätzen durch Clerk Maxwell in den methodisch durchgearbeiteten Formen der Wissenschaft gegeben ist, sehen wir freilich, welch eine scharfe Bestimmtheit der Vorstellungen und welche genaue Folgerichtigkeit hinter Faradays Worten verborgen ist, welche seinen Zeitgenossen unbestimmt und dunkel erschienen, und es ist in hohem Grad merkwürdig, zu sehen, welch eine große Zahl umfassender Theoreme, deren mathematischer Beweis das Aufgebot der höchsten Kräfte der mathematischen Analysis erfordert, er durch eine Art innerer Anschauung mit instinktiver

Sicherheit gefunden hat, ohne eine einzige mathematische Formel aufzustellen."

An der Spitze von Faradays Vorstellungen stehen die Begriffe des elektrischen und magnetischen Kraftfeldes als besonderer Zustände des Äthers, wir können auch sagen des materiefreien Raumes. Elektrische und magnetische Kräfte gehören ja zu denjenigen Wirkungen, die genau so wie das Licht auch an solchen Stellen des Raumes wirksam sind und solche Raumstellen überbrücken, die frei von jeder Materie sind. Auch die allgemeine Massenanziehung gehört zu dieser Art von Kräften. Abb. 103 und Abb. 104 versuchen, dem Leser den Feldbegriff verständlich

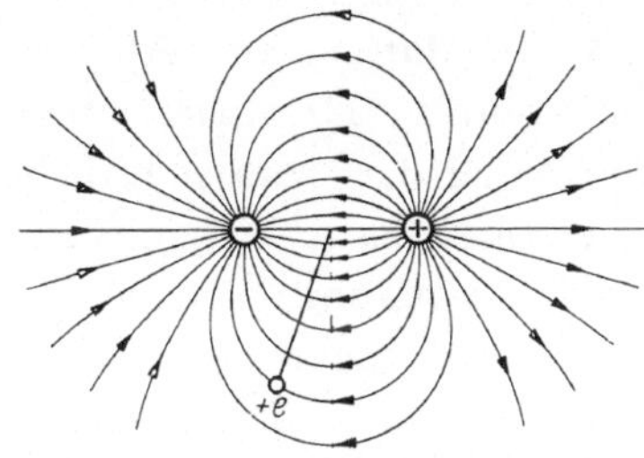

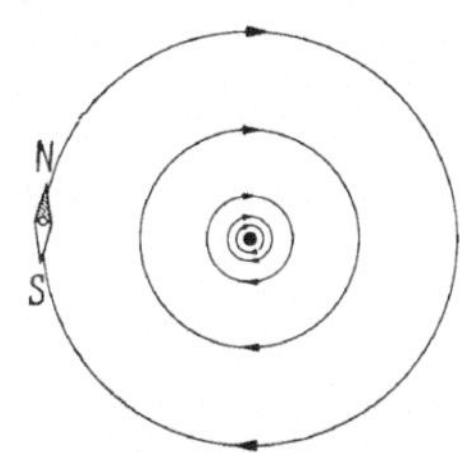

Abb. 103. Elektrostatisches Feld zwischen zwei entgegengesetzt geladenen Kugeln.

Abb. 104. Magnetfeld eines stromdurchflossenen Drahtes.

zu machen. Abb. 103 zeigt das elektrostatische Feld zwischen zwei Kugeln, die gleiche Mengen positiver bzw. negativer elektrischer Ladungen tragen. Die Linien geben an jeder Stelle die Richtungen der Kraft auf eine positive kleine Probeladung $+ e$ an. Dort, wo die Linien eng gedrängt sind, ist die Kraft groß, dort, wo sie weiten Abstand voneinander haben, klein. Das Bild gibt natürlich nur den Feldverlauf in einer Ebene, nämlich der des Papiers.

Ebenso zeigt Abb. 104 das magnetische Kraftfeld in der Umgebung eines von einem elektrischen Strom durchflossenen langen Drahtes, der senkrecht durch das Papier gesteckt ist. Die Strömung positiver Elektrizität soll von oben nach unten gerichtet sein. Die Richtung des Feldes ist diejenige, nach der der nordmagnetische Pol einer Magnetnadel sich einstellt. Daß ein elektrischer Strom eine magnetische Wirkung hat, hat H. Oersted (1820) entdeckt. Wir wissen heute, daß alle magnetischen

Felder, auch die von permanenten Magneten, durch elektrische Ströme in der Materie hervorgerufen werden.

Die physikalischen Gesetzmäßigkeiten des elektrischen und magnetischen Ätherzustandes werden ebenso der Erfahrung entnommen wie die Gesetzmäßigkeiten des Verhaltens der Materie. Es besteht allerdings ein grundlegender Unterschied insofern, als man die Eigenschaften des Äthers nicht durch irgendwelche Veränderungen an ihm selbst wahrnehmen kann. Zustandsänderungen materieller Körper, z. B. Temperaturänderungen, werden dagegen stets an physikalischen Änderungen an den Körpern wahrnehmbar. Der Körper dehnt sich z. B. bei Temperaturerhöhung aus, er schmilzt oder verdampft usw. Der tiefere Grund dafür liegt darin, daß die Materie aus Atomen besteht, die sich im Raume bewegen können. Der materiefreie Raum enthält aber keine Atome. Den Äther darf man sich nicht als aus Atomen bestehend vorstellen, er ist selbst in keiner Weise wahrnehmbar, und auch der Begriff der Bewegung ist nach den Erfahrungen der heutigen Physik auf ihn nicht anwendbar. Die Eigenschaften des besonderen Spannungszustandes im Äther, den wir als elektrisches Feld bezeichnen, können deshalb nur aus den Kraftwirkungen erschlossen werden, die auf elektrisch geladene Probekörper ausgeübt werden. Die elektrische Ladung spielt, wie man sieht, eine doppelte Rolle: Erstens sind es elektrische Ladungen, welche wenigstens in dem bisher von uns betrachteten Falle den elektrischen Spannungszustand hervorrufen (z. B. die Ladungen auf den Kugeln in Abb. 103), zweitens kann man nur mit ihrer Hilfe den Zustand nachweisen (Probeladung in der Abb. 103).

Die ältere Physik nahm an, daß es sich bei solchen Kraftwirkungen, wie der elektrostatischen Anziehung oder Abstoßung, um unmittelbare Fernwirkungen handelt und der Raum zwischen den Körpern dabei keine Rolle spielt. Faraday war zu der entgegengesetzten Auffassung gelangt. Wenn man die beiden Kugeln der Abb. 103 in eine die Elektrizität nicht leitende, isolierende Flüssigkeit taucht, z. B. in Petroleum, so wird das elektrische Feld schwächer. Im Petroleum ist z. B. das Feld und damit auch die Kraft auf ein geladenes Probekügelchen an irgendeiner Stelle des Feldes nur halb so groß wie bei gleicher Ladung der

Kugeln im leeren Raum. Man sagt dann: Die *Dielektrizitäts-konstante* des Petroleums ist gleich 2. Luft von Atmosphärendruck hat die Dielektrizitätskonstante 1,0006, so daß die Luft nur einen geringen Einfluß auf das Feld ausübt. Die Anwesenheit von Materie zwischen den Körpern beeinflußt also im allgemeinen die Kraftwirkungen zwischen elektrisch geladenen Körpern. Diesen Einfluß kann man sich so vorstellen, daß unter der Wirkung des äußeren Feldes in den Atomen vorhandene positive und negative Ladungen ein wenig verschoben werden (Abb. 105). Dort, wo der Isolator an die geladenen Körper angrenzt, treten dann Ladungen auf. Negative Ladungen an der positiven Kugel

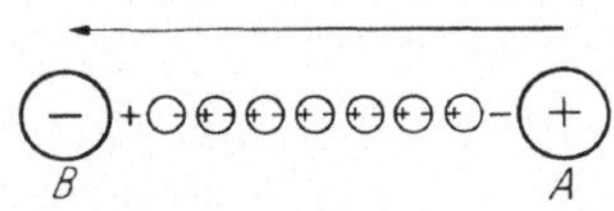

Abb. 105. Polarisation eines Dielektrikums.

A und positive Ladungen an der negativen *B*. Diese Ladungen an den Enden erzeugen ein dem ursprünglichen entgegengesetztes Feld und schwächen es deshalb. Faraday stellte sich den Äther auch noch gewissermaßen materiell vor. Der Äther sollte auch aus solchen elektrischen „polarisierbaren", aber unwägbaren Teilchen bestehen. Obwohl die Faradaysche stoffliche Äthervorstellung im Laufe der weiteren physikalischen Forschung aufgegeben werden mußte, erwies sich der Feldbegriff als außerordentlich fruchtbar. Er ermöglichte überhaupt erst eine vollständige Beschreibung der elektromagnetischen Vorgänge. Die endliche Ausbreitungsgeschwindigkeit der Lichtwellen ist vollends mit einer Fernwirkungsvorstellung unvereinbar. Wenn wir den Augenblick beobachten, in dem ein Jupitertrabant nach einer Verfinsterung hinter dem Planeten wieder erscheint, so wissen wir, daß dies Ereignis in Wirklichkeit schon 35 Minuten früher vor sich gegangen ist, und daß während dieser halben Stunde die Lichtenergie, die nachher in unser Auge gelangt ist, ganz im leeren Raum enthalten war. Das Vakuum oder der Äther ist also während dieser Zeit der Schauplatz eines physikalischen Vorganges, der Träger eines sich wellenförmig ausbreitenden Zustandes gewesen. So wenigstens muß man sagen, wenn man an der Wellentheorie des Lichtes festhalten will.

Es ist vermutlich eine Folge der sehr frühzeitigen Beschäftigung mit der Geometrie und damit mit dem abstrakten Raumbegriff der Mathematik in der Schule, daß es den meisten Menschen sehr schwer fällt, sich etwas vorzustellen unter dem Begriff des physikalischen Raumes, der keine Materie enthält, aber doch physikalische Eigenschaften besitzt. Die Andeutungen, die wir über diese Eigenschaften machen konnten, sind allerdings nur sehr unvollkommene. Vielleicht überlegt sich der Leser aber einmal, ob er jemals einen Raum kennengelernt hat, der die Eigenschaften des ihm aus der elementaren Geometrie vertrauten Gebildes besitzt. Wir finden z. B., daß in dem Teil des Raumes in der Erdumgebung alle Körper eine Kraftwirkung in bestimmter Richtung nach dem Erdmittelpunkt hin erfahren, daß eine Magnetnadel an jeder Stelle in eine bestimmte Richtung hineingedrängt wird usw. Diese Kraftwirkungen sind nicht an das Vorhandensein von Materie, z. B. von Luft, in der Umgebung der Erde gebunden.

Oersteds Entdeckung (1820) der magnetischen Wirkung elektrischer Ströme veranlaßte Goethe zu den bewundernden Worten: „Der sich immer mehr an den Tag gebende und doch immer geheimnisvollere Bezug aller physikalischen Phänomene aufeinander ward mit Bescheidenheit betrachtet ... als auf einmal in der Entdeckung des Bezuges des Galvanismus auf die Magnetnadel durch Prof. Oersted sich uns ein beinahe blendendes Licht auftat." Faradays Entdeckung (1831—1839) der elektromagnetischen Induktion und ihrer Gesetze bildete eine zweite Verknüpfung zwischen elektrischen und magnetischen Vorgängen. Man sollte nie vergessen, daß die ganze Elektrotechnik auf diesen beiden Entdeckungen beruht, obwohl niemand damals hätte sagen können, daß sie von irgendeinem praktischen Werte sind.

Das Induktionsgesetz sagt qualitativ, aber nach Maxwell ziemlich allgemein gefaßt, folgendes aus: *Ein sich änderndes Magnetfeld erzeugt um sich ein elektrisches Feld mit ringförmig geschlossenen Feldlinien.* Deshalb entsteht in einem kreisförmig geschlossenen Draht, der ein sich änderndes Magnetfeld umgibt, ein elektrischer Strom. Dieser „Induktionsstrom" war die eigentliche Entdeckung von Faraday. Aus Abb. 106 ist die Zuordnung der Richtung des elektrischen Feldes zu der Änderungsrichtung des Magnetfeldes zu ersehen.

Das Induktionsgesetz ist von größter Wichtigkeit. Wir haben hier ein elektrisches Feld vor uns, das nicht durch elektrische Ladungen verursacht ist. Deshalb haben diese elektrischen Feldlinien auch keine Enden, sondern sind in sich geschlossen wie die Linien des magnetischen Feldes. Solche elektrische Felder, die in der Elektrostatik nie auftreten, nennt man „elektrodynamische Felder". Sie können, wie wir sehen werden, im Gleichgewicht nicht bestehen.

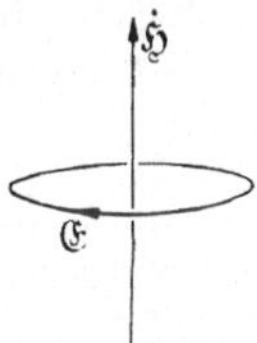

Abb. 106. Zur elektromagnetischen Induktion. $\mathfrak{H}$ Richtung des anwachsenden Magnetfeldes. $\mathfrak{E}$ Richtung des entstehenden elektrischen Feldes.

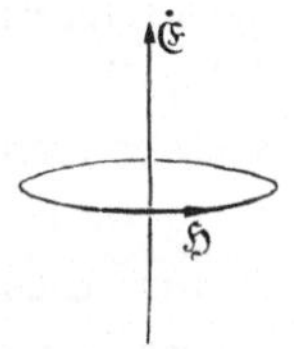

Abb. 107. Zum Magnetfeld eines Verschiebungsstromes. $\mathfrak{E}$ Richtung des anwachsenden elektrischen Feldes, $\mathfrak{H}$ Richtung des entstehenden Magnetfeldes.

Etwas Ähnliches ist uns von einem ganz anderen Gebiete her vertraut: Wir können ein Gas in einem Gefäß durch einen luftdicht schließenden Kolben unter einen bestimmten Druck setzen und diesen dauernd aufrechterhalten. Wenn wir einen kurzen Knall, etwa durch Zusammenschlagen der Hände, erzeugen so wird der Gasdruck an dieser Stelle ebenfalls erhöht. Da aber keine begrenzenden Wände vorhanden sind, kann diese örtliche Druckerhöhung nicht bestehen. Wir wissen, was tatsächlich geschieht: Die Druckerhöhung pflanzt sich als Schallwelle vom Erregungszentrum aus fort. Etwas Ähnliches geschieht nun auch mit dem induzierten elektrischen Feld. Das hat Maxwell gewissermaßen erraten. Er machte die Annahme, daß nicht nur elektrische Ströme in Drähten, die durch eine Bewegung von elektrischen Ladungen, den Elektronen, verursacht sind, ein ringförmiges Magnetfeld (Abb. 104) erzeugen, sondern daß schon *jede Änderung eines elektrischen Feldes das gleiche tut*, auch im leeren Raume. Die Richtung dieses sogenannten „Verschiebungsstromes"[1] und des zugehörigen Magnetfeldes sind einander in gleicher Weise zugeordnet wie beim gewöhnlichen Leitungsstrom in einem Draht (Abb. 107). Für die Richtigkeit dieser

---

[1] Das Wort „Verschiebungsstrom" möge der Leser lediglich als kurzen Ausdruck für den längeren: „Änderung des elektrischen Feldes" ansehen.

Annahme lag zu Maxwells Zeiten keinerlei experimenteller Beweis vor.

Wir haben nun die Punkte beisammen, die, allerdings quantitativ gefaßt, den wesentlichen Inhalt der berühmten Maxwellschen Gleichungen bilden. Und jetzt können wir verstehen, warum elektrodynamische Felder keinen Gleichgewichtszustand darstellen. Der Pfeil *1* an der Stelle A (Abb. 108) möge ein anwachsendes elektrisches Feld an irgendeiner Stelle des Raumes bedeuten. *2* ist dann das Magnetfeld, das sich nach Maxwells Behauptung um diesen „Verschiebungsstrom" ausbildet. Da dieses Magnetfeld anwächst, erzeugt es nach dem Induktions-

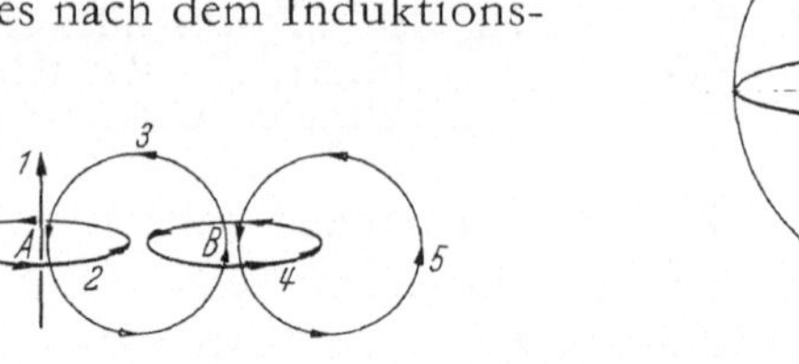

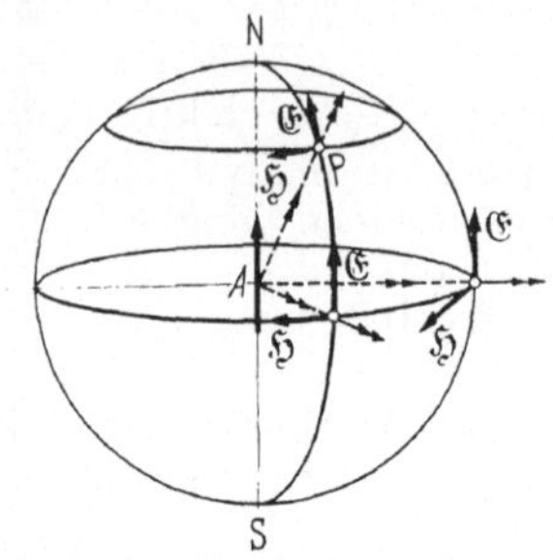

Abb. 108. Entstehung einer elektromagnetischen „Knall"welle (schematisch).

Abb. 109. Elektrisches und magnetisches Feld bei der elektromagnetischen „Knall"welle.

gesetz ein ringförmiges elektrisches Feld *3*, welches *1* an der Stelle A zerstört, weil es ihm entgegengesetzt ist. Es ist also jetzt das elektrische Feld von A nach B weitergerückt. Das um *3* entstehende Magnetfeld *4* vernichtet das Magnetfeld *2* links von ihm und erzeugt ein elektrisches Feld *5*, und so geht das weiter. Auf diese Weise breitet sich der elektromagnetische Zustand wie eine Knallwelle vom Zentrum A, und zwar, wie wir sehen werden, mit Lichtgeschwindigkeit aus. Natürlich erfolgt die Ausbreitung nicht nur nach der einen von uns hervorgehobenen Richtung. Etwas genauer sind die Feldstärken an den verschiedenen Punkten auf der Oberfläche einer Kugel im Abstand von einer ganzen Anzahl von Wellenlängen vom Mittelpunkt, von dem die Ausbreitung erfolgt, in Abb. 109 angegeben. Längs des „Äquators" der Kugel sind die elektrischen und magnetischen Feldstärken am größten. Die magnetische Kraft ist parallel dem Äquator gerichtet, die elektrische senkrecht dazu parallel dem

„Meridiankreis", und beide sind senkrecht auf der Fortpflanzungsrichtung. Wir haben also eine *elektromagnetische Querwelle* vor uns. In einem beliebigen anderen Punkt P ist die magnetische Feldstärke parallel dem „Breitengrad" durch diesen Punkt, und die elektrische Feldstärke liegt wieder in Richtung des „Meridiankreises". Die Feldstärken werden um so kleiner, je mehr man sich den Polen nähert und in der Richtung, die mit der Erregung in A übereinstimmt, findet gar keine Ausstrahlung statt, *d. h., in den Polen der Kugel N und S sind die Feldstärken Null*. Das ist eine unmittelbare Folge der Tatsache, daß es keine elektromagnetischen Längswellen gibt.

Wir wollen nun annehmen, daß in A nicht einfach ein elektrisches Feld nur einmal entsteht, sondern daß hier durch einen geeigneten Vorgang ein periodisches elektrisches Feld, ein sogenanntes Wechselfeld erzeugt wird, das bis zu einer bestimmten Stärke anwächst, daraufhin bis auf Null abnimmt, in umgekehrter Richtung bis zur gleichen Höhe anwächst und so fort. In diesem Falle muß vom Punkte A aus eine periodische elektromagnetische Welle ausgehen, solange der elektrische Schwingungsvorgang in A im Gange gehalten wird.

b) Die Hertzschen Wellen.

Heinrich Hertz hat im Jahre 1888 solche elektrische Wellen aufgefunden. Daß als Folge dieser Entdeckung die Optik in das große Gebiet der elektromagnetischen Erscheinungen eingereiht werden konnte, war ein neuer und höchst wunderbarer „Bezug der physikalischen Phänomene aufeinander". Jedermann weiß heute, daß auch die ganze Technik der drahtlosen Nachrichtenübermittlung sich unmittelbar im Anschluß an die Versuche von Hertz entwickelt hat. Wenige werden aber wissen, daß die Hertzschen Arbeiten unternommen wurden, um eine höchst schwierige und rein wissenschaftliche Preisaufgabe zu lösen, die von der Berliner Akademie der Wissenschaften schon 1879 gestellt worden war. Es sollte der experimentelle Nachweis geführt werden, daß es die von Maxwell geforderten Magnetfelder elektrischer Verschiebungsströme wirklich gibt. Diesen Beweis hat Hertz nun allerdings in der denkbar vollkommensten und wohl bis heute einzig möglichen Weise erbracht, indem er zeigte, daß es elektrische Wellen gibt. Man könnte schwer ein besseres Beispiel dafür finden, wie unmittelbar sehr abstrakte, jedem praktischen Zweck fernstehende Fragestellungen zu den bedeutungsvollsten technischen Fortschritten

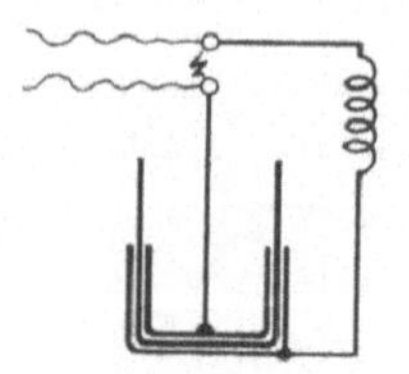

Abb. 110. Zur Erzeugung elektrischer Schwingungen.

führen können, die auf das ganze menschliche Leben den größten Einfluß haben.

Hertz überlegte sich, daß das elektrische Feld sich sehr rasch ändern muß, damit der Verschiebungsstrom und damit auch sein Magnetfeld genügend stark wird. Vorgänge, bei denen das elektrische Feld seine Stärke und Richtung sehr rasch periodisch ändert, rasche elektrische Schwingungen, waren schon aus Versuchen von Feddersen bekannt. Die Funkenentladung einer Leidener Flasche (allgemein eines elektrischen Kondensators) über eine kleine Drahtspule geht in dieser Weise vor sich (Abb. 110). Der Funken besteht aus einer großen Zahl von Teilfunken, wie man bei der Beobachtung des Funkenüberganges in

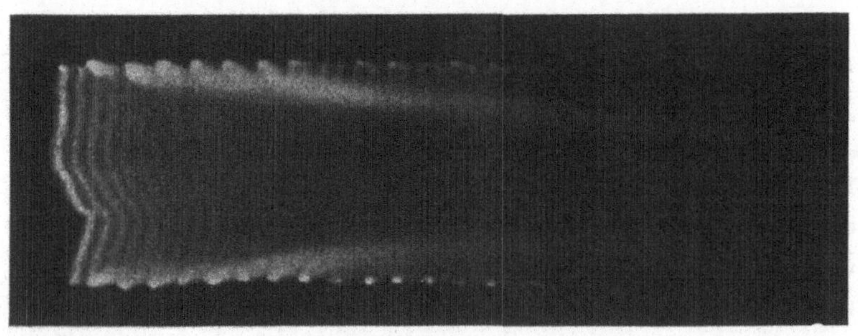

Abb. 111. Nachweis elektrischer Schwingungen mit Hilfe eines Funkens („Feddersen-Funken"). Aufnahme von B. Walter.

einem sehr rasch rotierenden Spiegel sehen kann (Abb. 111). Die Ladungen gleichen sich nicht einfach aus. Wie der Vorgang erfolgt, zeigt schematisch Abb. 112. Geradeso wie bei einem schwingenden Pendel eine periodische Umwandlung von potentieller in kinetische Energie und umgekehrt stattfindet, erfolgt hier ein periodischer Wechsel zwischen der Energie des elektrischen und magnetischen Feldes. Die Funkenbahn ist während des ganzen Vorganges leitend. Eine ganze Schwingung geht in etwa $^1/_{100000}$ Sekunde vor sich. Da ein Teil der Energie vor allem im Funken in Wärme umgesetzt wird, werden die Schwingungen allmählich schwächer, sie sind gedämpft (Abb. 113).

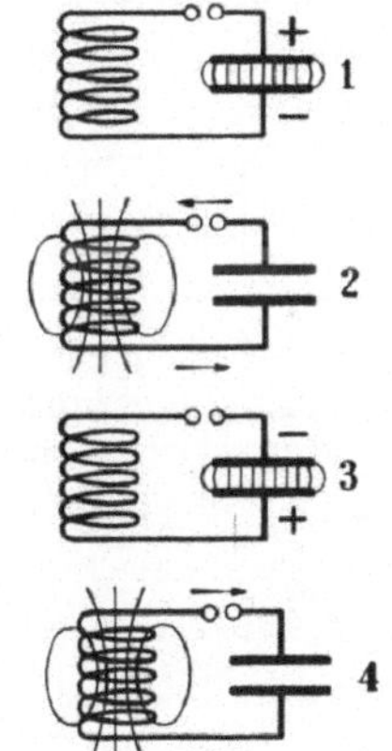

Abb. 112. Entstehung einer elektromagnetischen Schwingung in einem Schwingungskreis. 1. Flasche geladen. 2. Flasche entladen. Strom und Magnetfeld der Spule im Maximum. 3. Flasche umgekehrt geladen. 4. Flasche entladen. Strom und Magnetfeld umgekehrt im Maximum. Anschließend wieder Bild 1 usw.

Nehmen wir an, daß nur zehn Schwingungen erfolgen, bis der Funken erlischt, so dauert das nur $^1/_{10000}$ Sekunde. Man kann

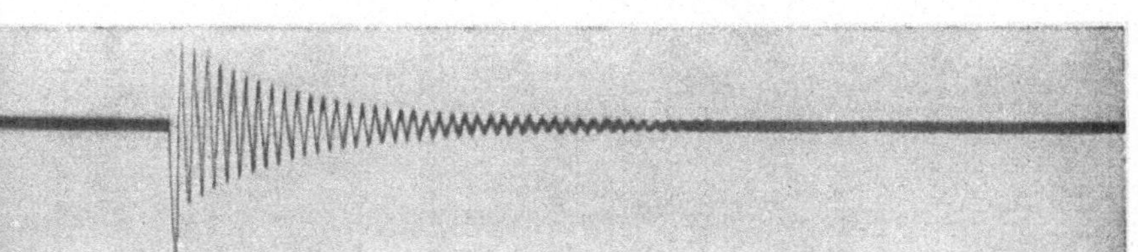

Abb. 113. Gedämpfte elektrische Schwingung.

also die Flasche z. B. 100mal oder öfter in der Sekunde wiederaufladen und auf diese Weise 100 oder mehr solche Schwingungs-

Abb. 114.
Aufeinanderfolge mehrerer gedämpfter Schwingungsvorgänge.

vorgänge in der Sekunde erzeugen (Abb. 114). Hertz fand, daß man noch viel raschere Schwingungen erhalten kann, wenn man ein einfaches Rechteck aus Draht in gleicher Weise zu Schwingungen erregt (Abb. 115). Endlich kann man das Rechteck bei A aufschneiden und die Drähte geradestrecken. Solch ein linearer Hertzscher Erreger oder Oszillator führt je nach seiner Länge eine ganze Schwingung in dem hundertsten oder tausendsten Teil einer millionstel Sekunde aus. Die Feldänderungen gehen also ungeheuer rasch vor sich. Der lineare Erreger zeigt außerdem eine starke Fernwirkung. Stellt man in einiger Entfernung einen gleichen Draht mit einer sehr kleinen Funkenstrecke in der Mitte auf, so entsteht dort ein kleines Fünkchen, wenn der Sender in Betrieb ist. *Der lineare Hertzsche Erreger sendet elektromagnetische Wellen aus,* und diese erregen Schwingungen im Emp-

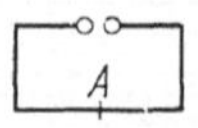

Abb. 115. Einfaches Drahtrechteck und linearer Hertzscher Erreger.

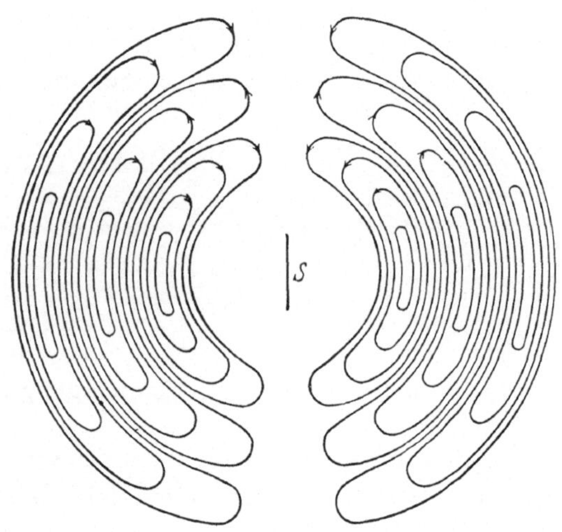

Abb. 116. Momentbild der Kraftlinien des elektrischen Feldes (in einer Ebene) um einen Hertzschen Erreger S, in größerem Abstand von demselben.

fänger, wenn er auf den Sender abgestimmt ist. Abb. 116 zeigt den Verlauf des elektrischen Feldes in einiger Entfernung vom Sender. Beträgt die Frequenz 1000 Millionen Schwingungen in der Sekunde, so ist die Wellenlänge $\dfrac{3 \cdot 10^{10}}{10^9} = 30$ cm. Hertz konnte

die Wellen durch zylindrische Parabolspiegel aus Metall bündeln
und auf den Empfänger konzentrieren (Abb. 117). Statt der
kleinen Funkenstrecke am Empfänger verwendet man besser
als sehr empfindliches Nachweismittel einen Detektor mit Gal-
vanometer. Man kann heute auch
lineare Sender dieser Art, die nur
wenige Zentimeter lang sind, zu unge-
dämpften Schwingungen erregen.
Solche elektrische Wellen zeigen
Eigenschaften, die denen der Lichtwellen durchaus gleichen. Sie werden
durch ein Prisma oder eine Linse

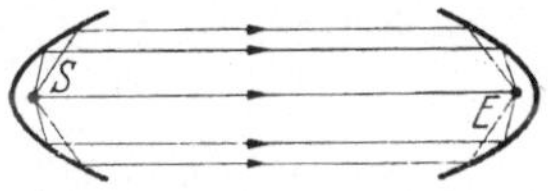

Abb. 117. Hertzscher
Sender und Empfänger mit
Hohlspiegeln.

aus Paraffin oder Pech gebrochen. Der *Brechungsexponent* erweist
sich als gleich der *Quadratwurzel aus der Dielektrizitätskonstante* der
Prismensubstanz, ein Ergebnis, das aus den Maxwellschen Gleichungen vorauszusehen war. Verlaufen die elektrischen Wellen
z. B. in Wasser, so ist ihre Fortpflanzungsgeschwindigkeit und
Wellenlänge 9mal so klein wie in Luft. Die Dielektrizitätskonstante des Wassers ist $9 \cdot 9 = 81$. Die Wellenlänge kurzer elektrischer Wellen läßt sich leicht messen, wenn man stehende
Wellen durch Reflexion an einer Metallwand erzeugt. In den
Bäuchen der elektrischen Kraft spricht dann der Empfänger
an, in den Knoten nicht.

Ein Gitter aus einzelnen genügend eng gespannten, parallelen
Drähten reflektiert die Wellen genau so wie eine Metallplatte,
wenn die Gitterdrähte mit dem Sender parallel stehen. Steht der
Sender und damit die elektrische Feldstärke senkrecht zu den
Gitterdrähten, so werden die Wellen gar nicht reflektiert, sondern
vollständig durchgelassen. Damit ist gezeigt, daß die elektrischen
Wellen eines solchen Erregers polarisiert sind, wie es ja auch
unmittelbar aus dem ganzen Vorgang ersichtlich ist. Das gleiche
folgt auch daraus, daß ein Empfänger nicht auf die Wellen an-
spricht, wenn seine Richtung auf der des Senders senkrecht steht.

Die Hertzschen linearen Sender und Empfänger sind die
Urtypen der späteren Antenne der drahtlosen Telegraphie.
Hertz hat auch schon nachgewiesen, daß sich die elektrischen
Wellen mit Lichtgeschwindigkeit fortpflanzen. Mit den heutigen
Mitteln kann man Wellen von 10 bis 100 m Wellenlänge rings um

die Erde laufen lassen und am Ort des Senders wieder empfangen. Der ganze Weg wird in wenig mehr als $^1/_{10}$ Sekunde zurückgelegt. Daß die elektrischen Wellen bei solchen Versuchen nicht in den Weltraum hinauseilen, sondern um die Erde laufen, ist durch elektrisch leitende Luftschichten in den hohen Gebieten unserer Atmosphäre (sog. Ionosphäre) bedingt, die die Wellen reflektieren. Da die Geschwindigkeit der elektrischen Wellen bekannt ist, kann man aus der Zeit, die sie brauchen, um bis zu der reflektierenden Schicht und wieder zurückzugelangen, die Höhe dieser Schicht ausrechnen und die Veränderungen erforschen, die der Ionisationszustand unserer Atmosphäre durch Sonnenbestrahlung und andere Einflüsse erleidet.

Während des letzten Krieges ist die Technik der Mikrowellenerzeugung vor allem zur Auffindung von U-Booten an der Wasseroberfläche in England und Amerika zu einer erstaunlichen Vollkommenheit entwickelt worden. Man kann heute größere Objekte, z. B. Schiffe oder Flugzeuge, aus beträchtlicher Entfernung durch die an ihnen reflektierten Wellen von etwa 3 cm Länge auf dem Fluoreszenzschirm einer Braunschen Röhre sichtbar machen. Diese Radar-Technik hat heute eine große Bedeutung für die Orientierung von Schiffen und Flugzeugen vor allem bei Nacht und in dichtem Nebel. Die Einzelheiten würden hier zu weit führen.

Zum Schluß noch eine kurze Tabelle, welche den Wellenlängenbereich der bisher erzeugten elektrischen Wellen und ihre Verwendung kennzeichnet:

Tabelle 5. λ

Großstationen, Überseeverkehr	20—3 km
Schiffsverkehr, nähere Entfernungen	3—1 km
Rundfunk	1000— ca. 200 m
Kurzwellen, große Entfernungen	100—10 m
Ultrakurzwellen, kurze Entfernungen, einige 100 km, wichtig für den Fernsehverkehr . .	10—1 m
Hertzsche Wellen (Dezimeterwellen, Zentimeterwellen, Mikrowellen) „Radar"	unter 1 m bis $^1/_{10}$ mm

Wir haben uns in diesem Abschnitt anscheinend sehr weit von unserem Thema, dem Licht, entfernt. Aber auch die elektrischen Wellen von wenigen Millimeter Länge bis zur Länge vieler Kilometer sind ja unsichtbares Licht. Die kürzesten elektrischen Wellen von $^1/_{10}$ mm Wellenlänge sind schon kurzwelliger als das langwelligste ultrarote Licht, das in Lichtquellen nachgewiesen ist! Sie unterscheiden sich von dem ultraroten Licht nur noch durch die Art ihrer Entstehung.

c) Das Licht als elektromagnetische Welle.

Es unterliegt keinem Zweifel, daß die elektrischen Wellen viele Eigenschaften haben, die wir auch beim Licht beobachten. Wir wollen jetzt noch einen wichtigen Versuch nachtragen. Durch einen Satz aus mehreren dicken Glasplatten G werden die Hertzschen Wellen des Erregers S vollständig reflektiert, wenn sie unter einem Winkel von etwa 68^0 einfallen und der Erreger senkrecht auf der Einfallsebene steht (Abb. 118a). Nur der Empfänger E_1 spricht an. Liegt der Erreger *in* der Einfallsebene,

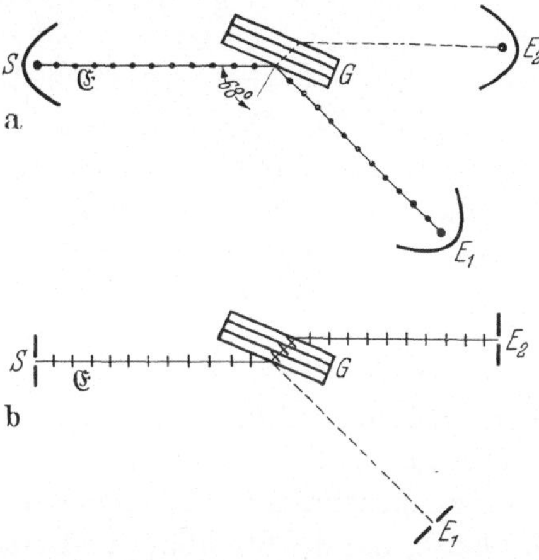

Abb. 118 a u. b. Nachweis der Polarisation einer elektromagnetischen Welle mit einem Glasplattensatz.

so werden die Wellen vollständig durchgelassen und gar nicht reflektiert (Abb. 118b). Nur der Empfänger E_2 spricht an. Der Winkel 68^0 ist der Polarisationswinkel des Glases für elektrische Wellen. Reflektierte und gebrochene Strahlen stehen senkrecht aufeinander. Man bekommt den Brechungsexponenten n des Glases für elektrische Wellen wieder (vgl. S. 74) aus $\tan 68^0 = n$. Das gibt $n = 2{,}48$. Die Dielektrizitätskonstante des Glases ist nahezu 6, und das ist in der Tat gleich $2{,}48^2$. In den Abbildungen ist noch die Lage der elektrischen Feldstärke $\mathfrak{E}$ in der Welle (der elektrische Vektor) eingezeichnet. Diese Lage ist natürlich stets parallel dem Erreger. Der Vergleich mit der Wirkung eines Glasplattensatzes auf das Licht zeigt die völlige Analogie mit dem Verhalten des Lichtes. Wir haben früher einfach als „Schwingungsrichtung" des Lichtes die Richtung bezeichnet, die wir jetzt als Richtung der *elektrischen Kraft* erkennen. Dies taten wir mit gutem Grund. Für die kennzeichnenden Wirkungen des Lichtes ist nämlich, wie mancherlei Versuche gezeigt haben, das *elektrische* und nicht das dazu senkrechte *magnetische* Wechselfeld des Lichtes verantwortlich.

Der Nachweis der Polarisation wurde bei den elektrischen Wellen, wie wir sahen, auch mit Hilfe eines Gitters aus parallelen Drähten geführt, deren Abstand klein gegen die Wellenlänge ist. H. Rubens und H. Dubois ist es gelungen, so enge Drahtgitter herzustellen, daß der gleiche Versuch mit sehr langwelligem, polarisiertem ultrarotem Licht (mit der Wellenlänge $^7/_{100}$ mm) ausgeführt werden konnte. Das Drahtgitter war nahezu undurchlässig, wenn die Drähte parallel mit der Schwingungsrichtung des Lichtes standen, und durchlässig, wenn sie dazu senkrecht standen, genau wie bei den Hertzschen Wellen. Als Empfänger dient bei solchen Versuchen ein empfindliches Thermoelement.

1. Der Strahlungsdruck.

Eine elektromagnetische Strahlung muß nach Aussage der Maxwellschen Theorie beim Auftreten auf einen Körper einen Druck ausüben. Bei senkrechtem Einfall eines parallelen Strahlenbündels auf eine Fläche, die die Strahlung vollständig absorbiert, ist die Größe dieses Druckes nach Maxwell gleich der Energie der Strahlung in der Volumeneinheit. Ist die Fläche ein vollkommener Spiegel, so ist der Druck doppelt so groß. Für den Druck, den die Sonnenstrahlung auf der Erde auf eine spiegelnde Fläche ausübt, errechnet sich der sehr kleine Betrag von etwa ein Zehntausendstel Milligrammgewicht pro cm² des Spiegels. Wegen der Kleinheit des Druckes ist es schwierig, ihn im Laboratorium nachzuweisen und einwandfrei zu messen, da störende Einflüsse schwer zu beseitigen sind. Nach vergeblichen Versuchen mehrerer Forscher ist der Nachweis und die Messung des Druckes P. Lebedew (1900), E. F. Nichols und C. F. Hull (1903) und am einwandfreisten im höchsten Vakuum W. Gerlach und A. Golsen (1923) gelungen. Alle Forscher benutzen empfindliche Drehwaagen. Es ergab sich eine quantitative Übereinstimmung mit der Theorie.

Die Druckwirkung ist nicht, wie man meinen könnte, eine Eigenschaft *aller* Wellen. Wäre das Licht eine elastische Welle, so würde unter normalen Bedingungen kein Druck zustande kommen. Man kann die erwähnten Experimente deshalb als Bestätigung der elektromagnetischen Lichttheorie betrachten. Die Lichtquantentheorie liefert indessen das gleiche Ergebnis.

Auf den Fixsternen ist der Strahlungsdruck so groß, daß er mit der Gravitationswirkung in Wettstreit kommt. Für das Verständnis vieler astrophysikalischer Probleme ist er deshalb von großer Bedeutung. Schon J. Kepler hat 1619 die Existenz des Lichtdruckes vermutet und das Zustandekommen des von der Sonne abgekehrten Schweifes der Kometen der Wirkung des Lichtdruckes der Sonnenstrahlen zugeschrieben.

2. Die Oszillatoren.

Wenn das von den Atomen der Materie ausgesandte Licht aus elektromagnetischen Wellen besteht, so müssen in den Atomen kleine Hertzsche Sender verborgen sein. Man stellte sich daher vor, daß in den Atomen elektrisch geladene Teilchen durch eine Art elastischer Kraft an eine Gleichgewichtslage gebunden sind, ähnlich wie eine Kugel durch zwei Spiralfedern bei einem Federpendel (Abb. 3). Das geladene Teilchen kann durch elektrische Kräfte aus seiner Ruhelage verschoben werden. Hierbei macht sich aber die rücktreibende Kraft zunehmend geltend. Die gleiche Vorstellung haben wir schon zur Erklärung des elektrischen Verhaltens der Dielektrika benutzt. Solch ein elektrischer Oszillator hat eine ganz bestimmte Eigenschwingungsdauer, wie ein Pendel oder eine Antenne, und liefert, wenn er auf irgendeine Weise in Schwingungen um die Gleichgewichtslage versetzt wird, elektrische Wellen von bestimmter Wellenlänge. Verlaufen diese Schwingungen sehr rasch, so sendet das Atom bestimmte Wellenlängen ultraroten, sichtbaren oder ultravioletten Lichtes, d. h. scharfe Spektrallinien, aus. Dieses Bild erwies sich als äußerst nützlich zur Beschreibung der Wechselwirkung von Materie und Licht. Wir haben schon wiederholt die Vorstellung von Schwingungsvorgängen in den Atomen als Quellen der Lichtaussendung benutzt. Die Annahme, daß diese Schwingungen elektrischer Art sind, wird durch die Erkenntnis erzwungen, daß die Lichtwellen elektromagnetische Wellen sind.

Wenn in einer großen Stadt viele Empfangsantennen auf den gleichen Sender abgestimmt sind, schwächen sie die Energie der Senderwelle. In den Empfangsantennen werden ja elektrische Schwingungen erregt, und jede Antenne sendet daher elektrische Wellen in alle Richtungen des Raumes aus. Dadurch wird ein Teil der Energie der Senderwelle zerstreut, und hinter der Stadt wird der Empfang für diese Welle deshalb schlechter sein.

Wird das Licht der gelben Natriumstrahlung durch nichtleuchtenden Natriumdampf hindurchgeschickt, so wird dieses Licht auch stark geschwächt. Verwendet man weißes Licht, so tritt im Gelb, bei der Wellenlänge der gelben Natriumlinie, eine Schwächung ein. Im Spektrum erscheint eine dunkle Absorptionslinie. Nichtleuchtender Natriumdampf besitzt außerdem noch eine große Anzahl von Absorptionslinien im Ultraviolett (Abb. 119). Nichtleuchtender Quecksilberdampf hat vor allem zwei im Ultraviolett gelegene Absorptionslinien (1849 Å und 2536 Å). Wenn die Frequenz der einfallenden Welle mit der Eigenfrequenz der Atomoszillatoren übereinstimmt, werden diese geradeso wie die abgestimmten Empfangsantennen in der Stadt in starke Eigenschwingungen versetzt. Sie entziehen dem einfallenden Licht Energie und zerstreuen sie in alle Richtungen. Dieses nach allen Richtungen ausgestrahlte Licht kann man nachweisen. Man bezeichnet es als Resonanzstrahlung. Die Entstehung der Fraunhoferschen Linien konnte man sich in gleicher Weise deuten. Das vom glühenden Kern der Sonne, der Photosphäre ausgehende Licht durchdringt ja die Atmosphäre der Sonne. Daher werden diejenigen Lichtfrequenzen im kontinuierlichen Spektrum geschwächt, die mit den Eigenfrequenzen der Atomoszillatoren der Atome, welche die Chromosphäre bilden, übereinstimmen.

Abb. 119. Absorptionsspektrum des Na-Dampfes im Ultraviolett.

Hier zeigt sich indessen eine Schwierigkeit. Wenn Quecksilberdampf etwa in einer Quecksilberbogenlampe zum Leuchten gebracht wird, so enthält dieses Licht auch eine Menge heller Spektrallinien im Sichtbaren. Diese Linien werden aber durchaus nicht geschwächt, wenn man sie durch nichtleuchtenden Quecksilberdampf hindurchgehen läßt, wohl aber die beiden oben erwähnten Linien im Ultraviolett. Gase, wie Wasserstoff, Stickstoff und Sauerstoff, ebenso wie die einatomigen Edelgase sind für sichtbares Licht völlig durchlässig, obwohl sie viele Linien im Sichtbaren aussenden. Im Sonnenspektrum und dem Spektrum der Sterne findet man trotzdem, wie wir gesehen haben, viele dieser Emissionslinien als dunkle Fraunhofersche Linien.

Es hat sich gezeigt, daß solche Absorptionslinien dann auftreten, wenn das absorbierende Gas selbst leuchtet, wie das in der umkehrenden Schicht und in der Chromosphäre der Fall ist. Nur bestimmte Spektrallinien, zu denen z. B. die gelbe Natriumlinie gehört, werden auch von nichtleuchtendem Natriumdampf geschwächt. Dieser Unterschied im Verhalten verschiedener Spektrallinien ließ sich vom Standpunkt der Oszillatorenvorstellung schwer verstehen. Vorerst wollen wir aber noch einige Fragen besprechen, bei denen diese Vorstellung sich ausgezeichnet bewährt hat.

3. Die Theorie der Dispersion.

Für die langen elektrischen Wellen, also langsame Schwingungen, ist der Brechungsexponent eines Stoffes einfach gleich der Quadratwurzel aus der Dielektrizitätskonstante. Rubens konnte zeigen, daß der Brechungsexponent des Quarzes auch schon für sehr langwelliges ultrarotes Licht mit der Wurzel aus der Dielektrizitätskonstanten übereinstimmt. Für einige durchsichtige Gase, bei denen die Lichtbrechung fast unabhängig ist von der Wellenlänge, gilt diese Beziehung sogar für das sichtbare Licht, wie Tab. 6 zeigt.

Tabelle 6.

	Brechungsexponent	Wurzel aus der Dielektrizitätskonstante
Luft	1,000 293	1,000 295
Kohlensäure . . .	1,000 450	1,000 48
Wasserstoff . . .	1,000 139	1,000 13
Helium	1,000 034	1,000 035

Im allgemeinen jedoch hängt der Brechungsexponent für die schnellen Schwingungen des Lichtes in eigentümlicher Weise von der Lichtfrequenz ab (vgl. Abb. 84). Wie ist dieser Sachverhalt zu verstehen? Wir müssen uns damit begnügen, das kurz anzudeuten.

Wenn das Licht bestimmter Frequenz in den Stoff eindringt, werden die kleinen elektrischen Oszillatoren in erzwungene Schwingungen der gleichen Frequenz versetzt. Dieses Mitschwingen ist bei weitem am stärksten, wenn die Schwingungszahl des Lichtes mit der Eigenfrequenz der Oszillatoren übereinstimmt. Die von den erregten Oszillatoren ausgehenden Elementarwellen setzen sich mit der einfallenden Lichtwelle zusammen, wenn diese über sie hinwegläuft. Die Phasendifferenz zwischen den Oszillatorwellen und der einfallenden Welle ist aber wegen der Trägheit der schwingenden Masse verschieden je nachdem, ob die Frequenz des einfallenden Lichtes kleiner oder größer ist als die Eigenfrequenz der Oszillatoren. Dies hat zur Folge, daß auch das Ergebnis dieser Überlagerung der Wellen in beiden Fällen ein verschiedenes ist. Hat das einfallende Licht eine *kleinere* Frequenz, so wirkt sich der Einfluß der Oszillatoren, wie die Rechnung zeigt, in einer *Herabsetzung* der Geschwindigkeit des Lichtes, also in einer *Erhöhung* des Brechungsexponenten aus, hat es aber eine *größere* Frequenz, so wird umgekehrt die Geschwindigkeit des Lichtes *vergrößert* und der Brechungsexponent *verkleinert*. Stimmt die Lichtfrequenz gerade mit der Oszillatorenfrequenz überein, so wird das Licht überhaupt am Eindringen gehindert. Der Stoff wird für dieses Licht nahezu undurchlässig und reflektiert fast so gut wie ein Metall. Das ist die Stelle einer „anomalen Dispersion" im Spektrum. Der regelmäßige Verlauf der Dispersion ist an solch einer Stelle vollständig gestört.

Das z. B. an einer Glasplatte reflektierte Licht kann man sich durch die Schwingungen der erregten Oszillatoren entstanden denken, die durch das einfallende Licht erregt wurden. Daß diese Vorstellung von Nutzen ist, soll ein einfaches Beispiel zeigen. In Abb. 120 sei $\mathfrak{E}$ eine in der Einfallsebene schwingende Lichtwelle polarisierten Lichtes. Das Licht möge unter dem Polarisationswinkel auf eine Glasplatte treffen. Die Doppelpfeile zeigen an, in welcher Richtung die Oszillatoren durch das Licht

in Schwingungen versetzt werden. Der Polarisationswinkel ist
nun dadurch ausgezeichnet, daß der gebrochene und reflektierte
Strahl aufeinander senkrecht stehen. Folglich stimmt die Richtung der Oszillatorenschwingung mit der Reflexionsrichtung des
Lichtes überein. Da aber eine Antenne (vgl. S. 135) keine Strahlung in der Richtung liefert, in der sie selbst schwingt, kann im
vorliegenden Falle keine reflektierte
Welle entstehen. Wir wissen in der Tat,
daß eine Glasplatte unter dem Polarisationswinkel kein Licht reflektiert, das
in der Einfallsebene schwingt.

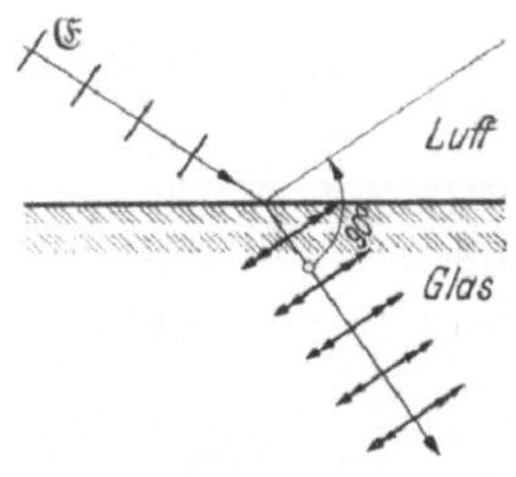

Abb. 120. Zur Erklä-
rung des Brewster-
schen Gesetzes.

4. *Optisches Verhalten der Metalle.*

Eine besonders wichtige Frage bildet
das optische Verhalten der Metalle. Sie
ist allerdings so verwickelt, daß wir uns
mit einigen Andeutungen begnügen
müssen. Metalle zeigen ein starkes
Reflexionsvermögen für Licht, ähnlich wie für die elektrischen Wellen. Metalle sind Elektronenleiter. Dieselben
negativen elementaren Ladungsträger sehr kleiner Masse, die
wir in den Kathodenstrahlen kennen, vermitteln in den Metallen
die Stromleitung. Wenn Hertzsche Wellen auf ein Metall treffen,
werden diese Elektronen in erzwungene Schwingungen versetzt.
Die von ihnen erzeugten Wellen setzen sich mit der einfallenden
so zusammen, daß die durchgehende Welle vollständig ausgelöscht wird und alles Licht nach vorne reflektiert wird, ähnlich
wie bei der anomalen Dispersion. Das ergibt sich allerdings nur,
wenn wir ein Metall als einen ideal guten Leiter betrachten, der
dem Stromdurchgang keinen Widerstand entgegensetzt. In
einem stromdurchflossenen Draht wird elektrische Energie in
Wärme umgesetzt. Deshalb muß auch ein Teil der Energie der
einfallenden Welle im Metall in Wärme umgewandelt werden,
und dieser Teil wird um so größer sein, je schlechter das
Metall den elektrischen Strom leitet. *Der reflektierte Anteil ist
also um so größer, je besser das Metall den Strom leitet.*

Man kann den Zusammenhang von elektrischer Leitfähigkeit
und Reflexionsvermögen für elektrische Wellen verschiedener

Wellenlänge berechnen, und die Erfahrung bestätigt die Rechnung. E. Hagen und H. Rubens konnten nun zeigen, daß auch für langwelliges ultrarotes Licht mit Wellenlängen von etwa $^1/_{100}$ mm das gemessene Reflexionsvermögen verschiedener Metalle mit den Werten in Übereinstimmung ist, die sich aus der elektrischen Leitfähigkeit berechnen lassen.

5. Der Zeemaneffekt und Starkeffekt.

Wir wollen uns einmal vorstellen, daß die elektrischen Oszillatoren der Atome, z. B. in einer Geißlerschen Röhre oder in einer metalldampfhaltigen Flamme, zu ihren Eigenschwingungen angeregt seien und die Strahlung ihrer Eigenfrequenz als monochromatisches Licht in einer Spektrallinie aussenden. Wenn man die Lichtquelle in das starke Magnetfeld eines Elektromagneten bringt, übt dieses Magnetfeld eine Kraft auf die schwingenden Ladungen aus wie auf jeden elektrischen Strom. Dadurch werden die Schwingungen der elektrischen Oszillatoren in eigentümlicher Weise verändert. P. Zeeman hat diese Wirkung aufgefunden, und H. A. Lorentz hat sie berechnet (Abb. 121). Läßt man das Licht in einer

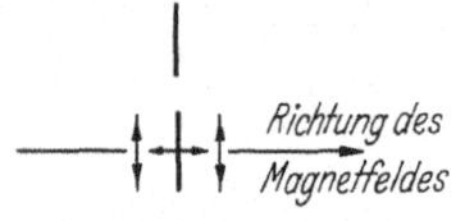

Abb. 121. Aufspaltung einer Spektrallinie im Zeemaneffekt.

zum Magnetfeld senkrechten Richtung in den Spektralapparat eintreten, so wird bei Erregung des Magnetfeldes eine Spektrallinie in drei Linien aufgespalten. Das Licht aller Linien ist polarisiert. Das Licht der Mittellinie schwingt parallel zu der Magnetfeldrichtung, das der beiden äußeren Linien senkrecht dazu. Es ist bemerkenswert, daß schon Faraday nach einer solchen Erscheinung gesucht hat. Mit den damaligen Hilfsmitteln konnte man sie aber nicht auffinden. Die Mittellinie hat die gleiche Wellenlänge oder Lichtfrequenz wie bei fehlendem Magnetfeld. Der Frequenzunterschied einer der seitlichen Linien gegen die mittlere ist um so größer, je stärker das magnetische Feld ist. Die Theorie zeigt, daß dieser Frequenzunterschied außerdem dem Verhältnis der Ladung zur Masse (e/m) des schwingenden Teilchens verhältnisgleich sein muß. Abb. 122 zeigt die Aufnahme einer solchen Zeemanaufspaltung. Aus der Größe der Linienaufspaltung läßt sich das Verhältnis der Ladung zur Masse der in den Atomen schwingenden Ladungen ausrechnen. Es ergibt sich genau der gleiche Wert für dieses Verhältnis, den die Elektronen in den Kathodenstrahlen besitzen. Auch daß die Ladung eine negative sein muß, läßt sich aus dem Versuch entnehmen. So scheint der Zeemaneffekt eine der glänzendsten Bestätigungen für die Richtigkeit der Vorstellung zu sein, daß in den Atomen quasielastisch gebundene, negativ

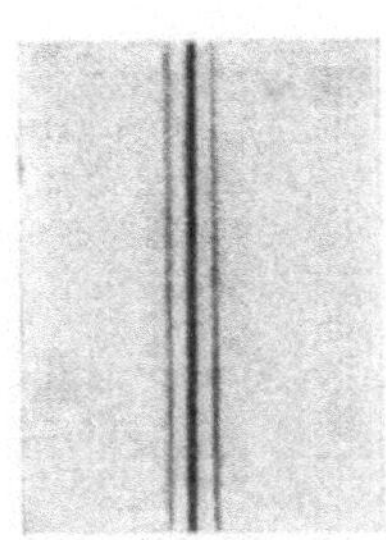

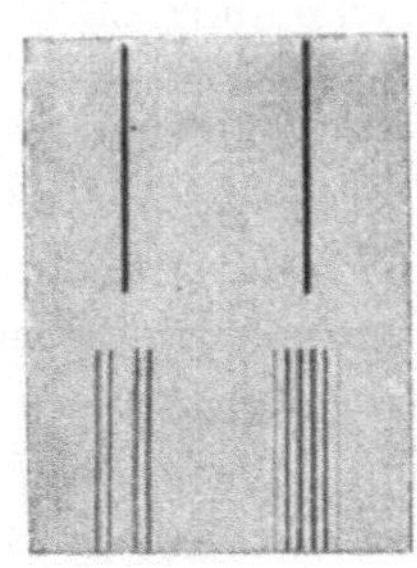

<table>
<tr><td>Abb. 122.
Normale Zeemanaufspaltung
einer Spektrallinie.</td><td>Abb. 123. Anomale Zeemanaufspaltung (D-Linien des Natriums), unten ohne, oben mit Magnetfeld.</td></tr>
</table>

geladene Elementarladungen, die Elektronen, durch ihre Schwingungen das Licht erzeugen. — Bald fand man aber, daß nur verhältnismäßig wenige Spektrallinien bestimmter Elemente die Zeemansche Erscheinung in der Einfachheit zeigen, wie sie von Lorentz berechnet wurde. Die meisten Spektrallinien geben viel kompliziertere Aufspaltungsbilder. Ein Beispiel zeigt Abb. 123. F. Paschen und E. Back zeigten dann, daß das Aufspaltungsbild mehr und mehr in die einfache Form übergeht, die der Lorentzschen Theorie entspricht, wenn man das Magnetfeld verstärkt. Um die verwickelten Aufspaltungsbilder des sog. anomalen Zeemaneffektes mit der Oszillatorenvorstellung zu beschreiben, mußte man annehmen, daß die Schwingungen in den Atomen im allgemeinen viel komplizierter sind und aus verwickelten Bewegungen mehrerer miteinander durch Kraftwirkungen gekoppelter Elektronen bestehen. Durch sehr formale Rechnungen ließ sich dann zwar ein Anschluß an die Erfahrung gewinnen, aber die Theorie befriedigte nicht mehr, und der Verdacht war nur allzu berechtigt, daß man wiederum an die Grenze ihrer Leistungsfähigkeit gelangt war.

Erst im Jahre 1913 gelang es J. Stark, die allerdings viel komplizertere Aufspaltung der Spektrallinien des Wasserstoffs im *elektrischen* Felde aufzufinden. Die klassische Theorie der Oszillatoren ließ einen derartigen Effekt nicht erwarten. Aus diesem Grunde und wegen der experimentellen Schwierigkeit, in einem leuchtenden und dann stets auch elektrisch leitenden Gas elektrische Felder genügender Stärke aufrechtzuerhalten, war diese Erscheinung so lange verborgen geblieben.

6. Faradayeffekt.

Der Zeemaneffekt ist nicht die einzige Erscheinung, bei der sich ein Einfluß magnetischer Felder auf das Licht zeigt. Faraday hat schon eine solche Erscheinung aufgefunden, die Drehung der Schwingungsebene polarisierten Lichtes im Magnetfeld. Läßt man linear polarisiertes Licht durch geeignete Stoffe, z. B. Glas, Wasser, Schwefelkohlenstoff, hindurchgehen und bringt dabei den Stoff in ein starkes magnetisches Feld, das der Richtung des Lichtes parallel verläuft, so wird die Schwingungsebene des Lichtes um so stärker gedreht, je stärker das Magnetfeld ist und je länger der im Körper vom Lichte zurückgelegte Weg ist. Die Drehung, die mit Hilfe eines Analysators gemessen wird, ist besonders groß in Stoffen, die eine starke Brechung besitzen wie das bleihaltige Flintglas oder Schwefelkohlenstoff. Für kurzwelliges Licht ist sie größer als für langwelliges. Auch dieser Vorgang konnte mit der Vorstellung schwingungsfähiger Oszillatoren in den Körpern gedeutet werden.

XIV. Die Röntgenstrahlen, ein unsichtbares Licht.

a) Die Entdeckung der Röntgenstrahlen.

W. C. Röntgen entdeckte im Jahre 1895 eine neue Art von unsichtbaren Strahlen, deren heute allgemein bekannte wunderbare Eigenschaften die Welt in Erstaunen versetzten. Diese Strahlen gingen von festen Körpern aus, die von Kathodenstrahlen, schnell bewegten Elektronen, getroffen wurden. In drei berühmten Arbeiten hat Röntgen die Eigenschaften der Strahlen so gründlich untersucht, daß erst nach 10 Jahren wesentliche, neue Erkenntnisse durch die Bemühungen anderer Forscher hinzukamen. Über die physikalische Natur der Strahlen wußte man sogar bis zum Jahre 1912 nichts Sicheres, obwohl die Röntgenstrahlen längst ein unentbehrliches diagnostisches Hilfsmittel in der Medizin geworden waren.

Wie eine neuzeitliche Röntgenröhre aussieht, zeigt die Abb. 124. K ist die Kathode (negativer Pol), A die Anode (positiver Pol) in einem soweit wie möglich luftleer gemachten Gefäß. Die Kathode ist ein Wolframdraht, der durch den elektrischen Strom auf Weißglut erhitzt wird. Aus dem glühenden Draht treten Elektronen aus und werden durch eine hohe Spannung zwischen K und A auf die Metallanode A hin beschleunigt. Von der Stelle der Anode, wo diese Kathodenstrahlen auftreffen, gehen die Röntgenstrahlen wie Licht von einer Lichtquelle nach allen Seiten aus. Die z. B. aus Wolfram bestehende Anode wird bei den neuzeitlichen Röntgenröhren, wenn sie nicht künstlich gekühlt wird, durch den Aufprall der Kathodenstrahlen so heiß, daß sie zum Glühen kommt.

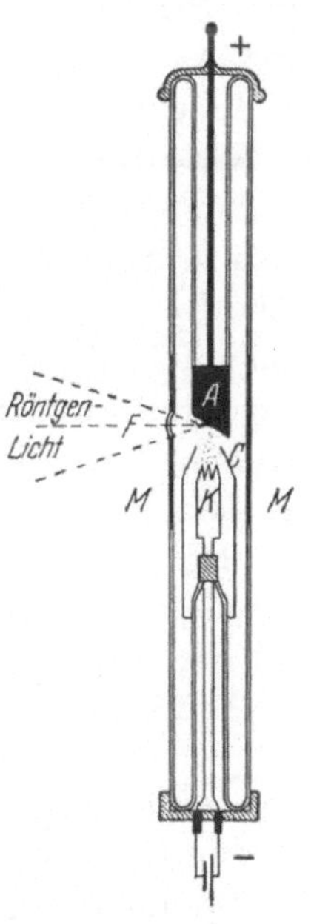

Abb. 124.
Röntgenröhre mit
Glühkathode.

Die unsichtbare Röntgenstrahlung erregt manche Stoffe, wie Bariumplatinzyanür, zu lebhaftem Leuchten (Fluoreszenz) und hat eine starke photographische Wirkung. Daß sie nicht aus bewegten elektrisch geladenen Teilchen besteht, wie die Kathodenstrahlen, erkennt man daran, daß sie durch magnetische und elektrische Kräfte nicht abgelenkt werden kann. Ihre praktisch wichtigste Eigenschaft ist bekanntlich das mehr oder weniger hohe Durchdringungsvermögen für Körper, die für gewöhnliches Licht völlig undurchlässig sind.

b) Natur der Röntgenstrahlen.

Verschiedene Beobachtungen und Überlegungen ließen mit der Zeit vermuten, daß die Röntgenstrahlen sehr kurzwelliges Licht sein könnten mit einer Wellenlänge, die etwa tausendmal so klein ist wie die des sichtbaren Lichtes. Röntgen hatte allerdings vergeblich versucht, eine Brechung und Reflexion, Beugung und Interferenz der Strahlen nachzuweisen. Daraus kann man folgendes schließen: Wenn die Röntgenstrahlen eine Art Lichtwellen sind, so müßte für diese Lichtwellen der Brechungsexponent aller Körper nahezu gleich 1 sein. Dann würde eine Brechung und Reflexion fast vollständig fehlen. Aus Abb. 84 ersieht man, daß für äußerst kurzwelliges Licht der Brechungsexponent aller Stoffe tatsächlich nahezu gleich 1 ist. In Wirklichkeit muß er etwas kleiner als 1 sein. Das heißt, für so kurzwelliges Licht verhalten sich die Stoffe so, als wären sie optisch etwas weniger dicht als der leere Raum. Brechung und Reflexion könnten dann bei den Röntgenstrahlen zwar nicht völlig fehlen, würden aber doch sehr schwach sein. Beugung und Interferenz tritt, wie wir wissen, am auffälligsten dann auf, wenn die Größe der Öffnungen oder Schirme im Weg der Strahlen vergleichbar sind mit der Wellenlänge. Wenn die Röntgenstrahlen sehr kurzwelliges Licht sind, so muß demnach auch die Auffindung der Interferenz und Beugung dadurch erschwert sein, daß alle makroskopischen Hindernisse gegen die Wellenlänge zu groß sind.

c) Interferenz und Beugung.

Diese Erwägungen brachten Max von Laue im Jahre 1912 auf den Gedanken, einen Nachweis der Beugung und Interferenz der Röntgenstrahlen mit Gittern zu versuchen, die uns die Natur selbst zur Verfügung stellt und von denen zu erwarten war, daß ihre sehr feine Teilung gerade von der richtigen Größe für die Röntgenwellenlänge ist. Solche Gitter sind die Kristalle. Die Mineralogen hatten schon vermutet, daß Kristalle aus einer regelmäßigen Anordnung von Atomen bestehen, deren Abstände einige Ångström-Einheiten betragen. Auf einige Å-Einheiten wurde auch die Wellenlänge der Röntgenstrahlen nach verschiedenen Erfahrungen geschätzt. Abb. 125 a zeigt das aus Natrium- und Chlorionen aufgebaute kubische Gitter eines Kochsalzkristalls.

Die Versuchsanordnung, mit der M. v. Laue, W. Friedrich und P. Knipping die Interferenz und Beugung der Röntgenstrahlen auffanden, zeigt Abb. 125 b schematisch. Die dünne

Kristallplatte K wird von einem eng ausgeblendeten Röntgenstrahlbündel senkrecht durchstrahlt. Auf der photographischen Platte P zeigten sich nach dem Entwickeln außer dem Durchstoßpunkt der Strahlen D eine Anzahl abgelenkter Flecken, deren Anordnung den Symmetrieeigenschaften des Kristalls entsprach. Abb. 126 zeigt das

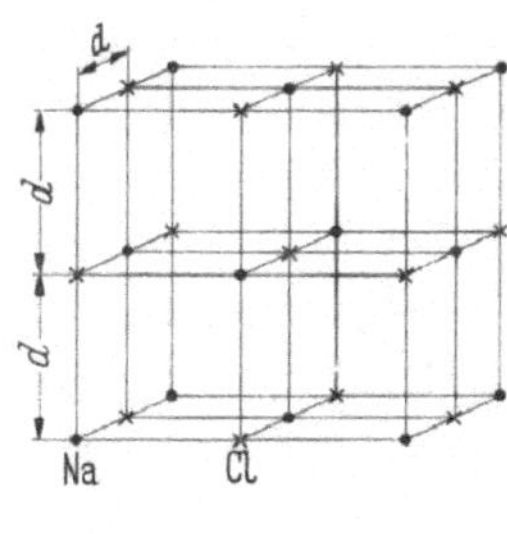

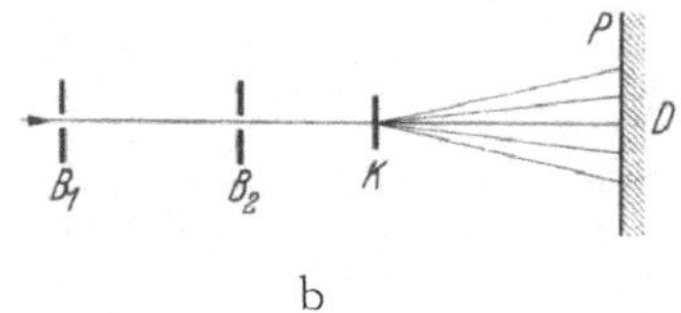

a
b

Abb. 125. a Steinsalzkristall. b Versuchsanordnung von Laue, Friedrich und Knipping zum Nachweis der Interferenz und Beugung der Röntgenstrahlen.

von einem Steinsalzkristall (NaCl) erzeugte Bild. Steinsalz kristallisiert als Würfel, und die vierzählige Symmetrie ist auf der Abbildung gut zu erkennen. Daß die Aufnahme eine Interferenz und Beugung der Röntgenstrahlen durch den Kristall zeigte, stand außer Zweifel. Wir wollen versuchen, uns das Ergebnis etwas genauer klarzumachen.

Wir betrachten eine äußere, ebene Begrenzungsfläche eines Körpers. Die Atome seien in der Ebene irgendwie regelmäßig oder auch unregelmäßig angeordnet. Die oberste Punktreihe der Abb. 127 sei der Schnitt solch einer Ebene mit der Papierebene. Ein nahezu paralleles

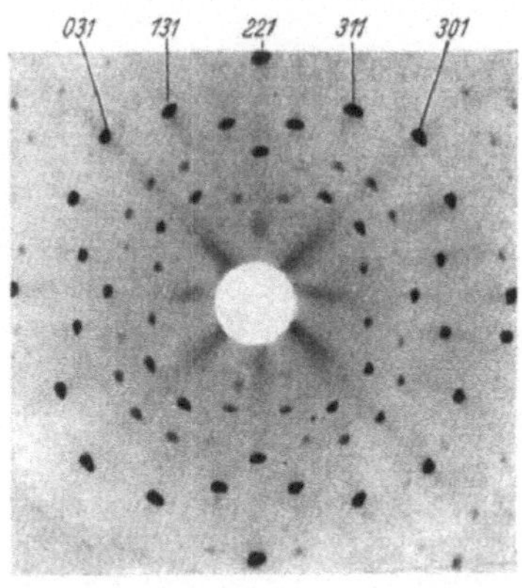

Abb. 126. Laue-Aufnahme mit einem Steinsalzkristall. Durchstrahlung senkrecht zu einer Würfelfläche.

Röntgenstrahlbündel falle auf diese Ebene unter dem Winkel ϑ auf. Jedes Atom wird, wenn die Röntgenwelle darübergleitet, zum Ausgangspunkt einer neuen Elementarwelle. Es muß daher

153

eine, wenn auch sehr schwache reflektierte Welle zustande kommen. Man merkt davon indessen im allgemeinen nichts. Von einer Glasoberfläche erhält man z. B. keine merkliche Reflexion. In einem *Kristall* folgt aber auf die mit regelmäßig angeordneten Atomen besetzte Ebene in einem ganz bestimmten Ab-

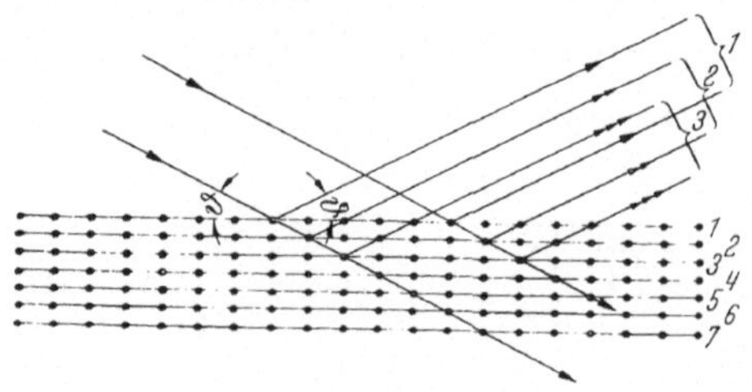

Abb. 127. Reflexion von Röntgenstrahlen an den Netzebenen eines Kristalls.

stand d eine zweite und auf diese noch viele weitere. Es erfolgt dann Reflexion nicht nur an einer, sondern an vielen Ebenen. Außen überlagern sich diese von den verschiedenen Atomebenen reflektierten Wellen mit einem bestimmten Phasenunterschied.

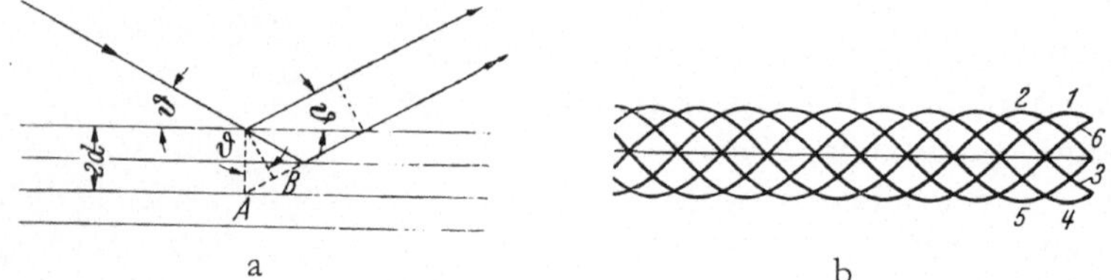

a   b

Abb. 128 a u. b. Zum Gangunterschied und zur Interferenz bei der Reflexion der Röntgenstrahlen an den Netzebenen eines Kristalls.

Der Wegunterschied zweier, an aufeinanderfolgenden Ebenen reflektierten Wellen ist, wie aus Abb. 128a zu ersehen: $AB = 2\,d \sin \vartheta$.

Ist deser Wegunterschied z. B. $^1/_6$ der Wellenlänge der Röntgenstrahlen, so lassen sich die von je 6 aufeinanderfolgenden Ebenen reflektierten Wellen zusammenfassen. Sie ergeben zusammen durch Interferenz die reflektierte Intensität Null. (Abb. 128 b). Wirken z. B. 300 Ebenen mit, so haben wir $\frac{300}{6} = 50$ solche Gruppen und es erfolgt überhaupt keine Reflexion. Geht der Bruch nicht genau auf, so wird eine unmerklich schwache durch Interferenz nicht ausgelöschte Reflexion übrigbleiben.

Nur wenn der Gangunterschied bei der Reflexion an benachbarten Ebenen gleich einem ganzen Vielfachen der Wellenlänge ist, sind alle reflektierten Wellen mit ihren Phasen in

Übereinstimmung. Wellenberg fällt auf Wellenberg, und Tal auf Tal, und wir bekommen dann eine starke Reflexion, da sich die Wirkungen aller Ebenen addieren. Unter einem bestimmten Winkel wird, wie man sieht, immer nur eine bestimmte Wellenlänge verstärkt reflektiert. Enthalten die auffallenden Strahlen nur eine einzige Wellenlänge, so muß man den Kristall drehen, bis er in die richtige Reflexionsrichtung kommt; ist ein kontinuierlicher Bereich von Wellenlängen im Strahl enthalten, so wird bei einer bestimmten Kristallstellung immer nur eine bestimmte Wellenlänge des Bereiches reflektiert.

Jetzt können wir auch den Versuch von Laue verstehen. Im Kristall lassen sich verschiedene Richtungen angeben, die als Gitterebenen anzusehen sind (Abb. 129). Die Abstände aufeinanderfolgender Ebenen d sind für diese verschiedenen Richtungen ebenfalls verschieden. Die Punkte

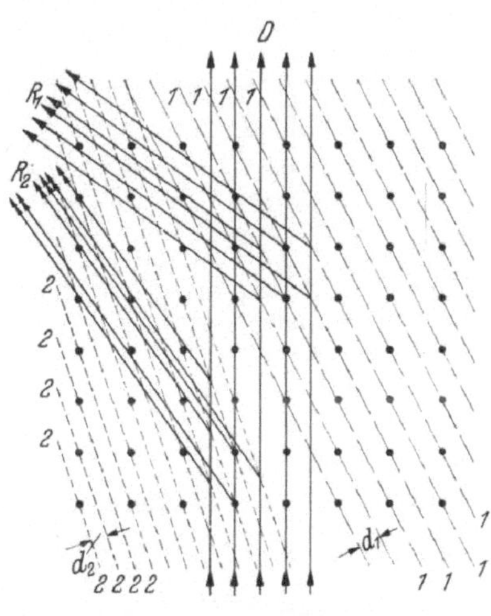

Abb. 129. Zur Entstehung eines Laue diagramms.

des Lauediagramms entsprechen daher teils verschiedenen Wellenlängen der gleichen Ordnung, teils verschiedenen Ordnungen der gleichen Wellenlänge. Um ein vollständiges Lauediagramm zu erhalten, in dem alle möglichen Reflexionsrichtungen im Kristall zur Wirkung kommen, muß deshalb der Röntgenstrahl auch genügend viele passende Wellenlängen enthalten. Er darf also nicht monochromatisch sein. Abb. 129 zeigt schematisch, wie solch ein Lauediagramm zustande kommt. Es sind nur zwei mögliche Netzebenenscharen mit den Abständen d_1 und d_2 eingezeichnet. Das parallele Bündel von Röntgenstrahlen geht zum Teil gerade hindurch. Zwei passende Wellenlängen werden an den Netzebenen verstärkt reflektiert (R_1 und R_2). Die Lauediagramme sind besonders wichtig für die Erforschung der Atomanordnungen in Kristallen mit Hilfe von

Röntgenstrahlen. Für Wellenlängenmessungen ist die Aufnahme
von Röntgenspektren bei der Reflexion an einer einzigen Kristall-
ebenenschar (nach W. H. und W. L. Bragg) geeigneter (Abb. 130)
Die Röntgenstrahlen werden durch mehrere enge Bleispalte
ausgeblendet und fallen auf den um eine vertikale Achse drehbaren Kristall. F ist ein kreisförmig angeordneter photographi-
scher Film. Eine bestimmte
Wellenlänge λ werde bei dem
Winkel ϑ verstärkt reflektiert.
Man erhält auf dem Film
außer der direkten Spur der
Strahlen D eine Linie R. Ist
der Abstand der Gitterebene
d im Kristall bekannt, und
ergibt die Ausmessung des

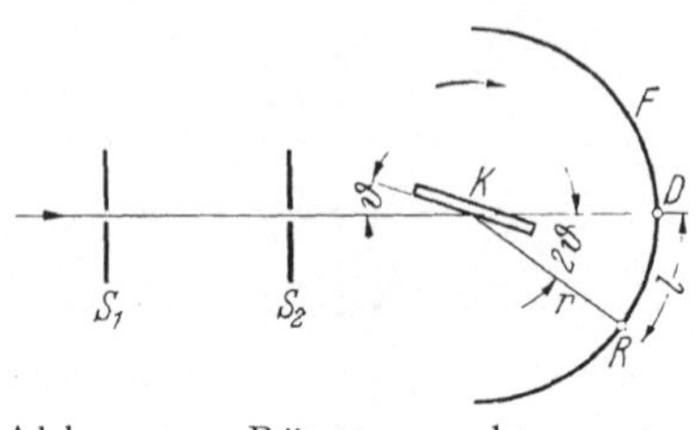

Abb. 130. Röntgenspektrometer
(schematisch).

Abstandes l auf dem Film den Winkel ϑ, $\left(2\vartheta = \dfrac{l}{r}\right)$, so findet man
die Wellenlänge. Die den natürlichen Spaltflächen des Stein-
salzes parallelen Netzebenen haben z. B. einen Abstand von
2,814 Å.

Die Röntgenstrahlen einer Röntgenröhre liefern ein kontinuierliches Spektrum, das um so mehr nach kürzeren Wellen reicht, je
schneller die Kathodenstrahlen sind, die die Röntgenstrahlen
erregen. Man nennt dieses Spektrum „Bremsspektrum", weil die
Strahlung durch die plötzliche Abbremsung der Elektronen durch
die Atome der Anode entsteht. Außerdem findet man ein aus
scharfen Linien bestehendes Linienspektrum (charakteristisches
Spektrum), das für die Atome, aus denen die Anode besteht,
kennzeichnend ist (Abb. 131). Diese Linien erstrecken sich bis zu
um so kürzeren Wellenlängen, je höher das Atomgewicht (genauer die Ordnungszahl) des Anodenmaterials ist. Die gemessenen Wellenlängen der Röntgenlinien umfassen ein Gebiet von
0,1 Å bis 200 Å. Die kürzesten Wellenlängen sind also 50000mal
so klein wie die Wellenlänge des grünen Lichtes; die längsten
sind langwelliger als das kürzeste bekannte ultraviolette Licht.
Diese langwelligen Röntgenstrahlen unterscheiden sich nur durch
die Erzeugungsart von dem kurzwelligen Ultraviolett. Alles
weitere gehört in die Atomphysik.

Nachdem die Wellennatur der Röntgenstrahlen aufgefunden und ihre Wellenlängen bekannt waren, ist es gelungen, auch alle anderen Eigenschaften aufzufinden, die für eine so kurzwellige Lichtstrahlung kennzeichnend sind.

Abb. 131. Röntgenlinienspektren einiger Elemente, die im periodischen System aufeinanderfolgen, sog. K-Serie. (Oben niedrigere, unten höhere Ordnungszahl der Elemente.)

d) Totalreflexion.

Da der Brechungsexponent der Röntgenstrahlen für alle Stoffe etwas kleiner als 1 ist, muß es möglich sein, eine Totalreflexion

nachzuweisen, wenn die Strahlen unter einem Winkel, der größer
ist als der Grenzwinkel der totalen Reflexion, und zwar aus Luft,
auf die Grenzfläche eines anderen Stoffes, etwa Glas, auftreffen.
Der Grenzwinkel φ muß aber nahezu 90⁰ sein, weil der Brechungsexponent der Röntgenstrahlen für alle Stoffe so wenig von 1
verschieden ist. Die Strahlen müssen also fast streifend auf die
Grenzfläche treffen. Beim streifenen Einfall macht sich auch die
atomare Rauhigkeit der Oberfläche, die etwa von derselben
Größe ist wie die Wellenlänge der Röntgenstrahlen, nicht bemerkbar. Ein analoger Versuch mit sichtbarem Licht ist lehrreich.
Das Licht wird bei senkrechtem Einfall auf eine Mattglasscheibe
zerstreut, bei streifendem dagegen gespiegelt, als wäre die Oberfläche vollständig glatt. A. H. Compton (1922) gelang zuerst
der Nachweis der Totalreflexion.

Daraufhin war es möglich, ein Beugungsspektrum von Röntgenstrahlen mit künstlichen Strichgittern zu erhalten. Dies mag
zunächst als sehr schwierig erscheinen. Die Strichabstände des
Gitters müssen ja vergleichbar sein mit der Wellenlänge des
Lichtes. Sind sie zu groß, so ist die Trennung der Ordnungen
vom zentralen Bild zu klein. Es ist nicht möglich, die Einteilung
eines Gitters so fein zu machen, wie es für die äußerst kurzen
Wellenlängen der Röntgen-
strahlen notwendig wäre. Benutzt man aber ein Gitter als
Reflexionsgitter bei sehr schrä-
gem Einfall, wie es ohnehin,
um Totalreflexion der Röntgenstrahlen zu erhalten, notwendig ist, so wirkt eine ver-
hältnismäßig grobe Gitterteilung so, als wäre sie sehr viel feiner, so fein, wie sie bei fast
streifendem Anblick erscheint.

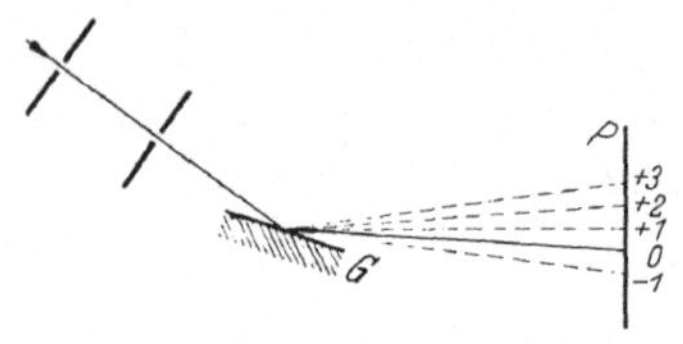

Abb. 132. Zur Totalreflexion und
Beugung der Röntgenstrahlen an
einem Strichgitter (schematisch).

Ein schematisches Bild der Anordnung zeigt Abb. 132. Diese
Versuche sind deshalb so wichtig, weil es auf diese Weise gelingt,
Röntgenwellenlängen zu messen, ohne daß es hierzu der Kenntnis
von Netzebenenabständen in Kristallen bedarf. Man hat dann
umgekehrt die Möglichkeit, mit Hilfe der so ermittelten Röntgenwellenlängen Atomabstände in Kristallen zu messen. Wellen-

längenmessungen im langwelligen Röntgengebiet sind überhaupt
nur mit künstlichen Gittern ausführbar, weil die Gitterkonstanten
der Kristalle hierfür zu klein sind.

e) Spaltbeugung und Interferenz bei Reflexion.

Die Beugung der Röntgenstrahlen an einem Spalt ist ebenfalls
erst in neuerer Zeit einwandfrei gelungen (Abb. 133). Der Ver-

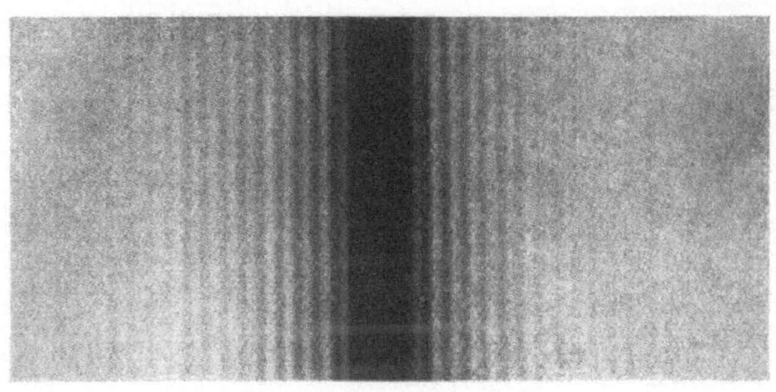

Abb. 133. Beugung der Röntgenstrahlen an einem Spalt.
(Nach Kellström.)

such ist schwierig, weil der beugende Spalt außerordentlich eng
sein muß. Auch der Lloydsche Spiegelversuch mit Röntgenstrahlen ist durchgeführt worden.

f) Brechung und Dispersion.

Die sehr schwache Brechung der Röntgenstrahlen in einem
Prisma, z. B. aus Glas oder Quarz, ist erst 1924 nachgewiesen
worden. Die Ablenkung er-
folgt nach der Prismenkante
zu, also umgekehrt wie bei
gewöhnlichem Licht, wie es
sein muß, wenn der Bre-
chungsexponent kleiner als
1 ist. Um eine genügende
Ablenkung und Dispersion

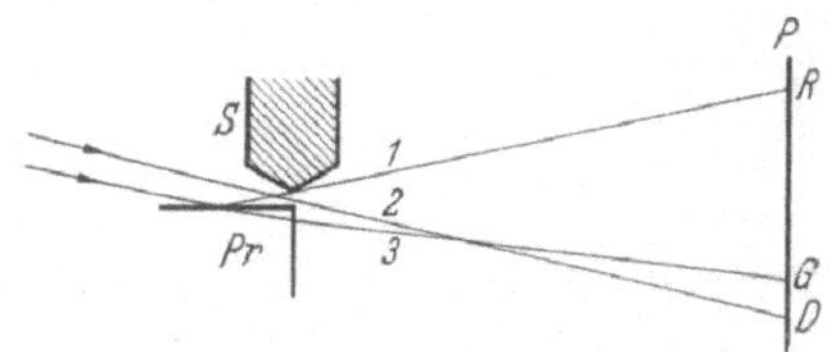

Abb. 134. Zur Brechung der
Röntgenstrahlen in einem Prisma.

zu erhalten, müssen die Strahlen nahezu streifend in das Prisma
eintreten. Abb. 134 zeigt wieder schematisch die meist übliche

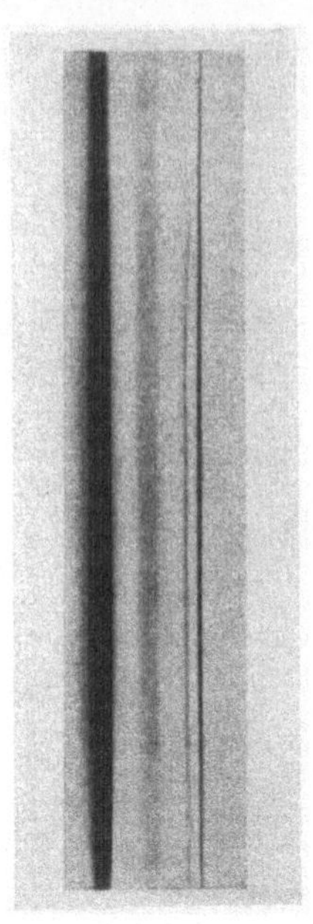

Abb. 135. Prismatisches Spektrum der Röntgenstrahlen. (Nach Seemann.)

Anordnung und Abb. 135 eine besonders schöne Aufnahme eines prismatischen Spektrums, die von H. Seemann erhalten wurde. Man sieht auf der Aufnahme das kontinuierliche Spektrum und zwei scharfe Spektrallinien.

g) Polarisation der Röntgenstrahlen und Übersicht.

Um die Röntgenstrahlen mit Sicherheit in das Gebiet der elektromagnetischen Strahlung einreihen zu können, muß man auch ihre Polarisierbarkeit nachweisen. Das ist durch O. G. Barkla schon 1905 geschehen.

Wenn Röntgenstrahlen auf irgendeinen Körper auffallen, werden sie zum Teil zerstreut, geradeso wie Licht von einem trüben Stoff. Falls die einfallende Röntgenstrahlung genügend kurzwellig ist, kann außerdem die charakteristische Eigenstrahlung des Materials zur Ausstrahlung kommen. Man nennt diese Eigenstrahlung dann wohl auch Fluoreszenzstrahlung, weil es sich bei diesem Vorgang, ähnlich wie bei der Fluoreszenz, stets um eine Umwandlung von kurzwelligem Röntgenlicht in langwelligeres handelt. Die Eigenstrahlung leichter Elemente, wie Kohle, ist aber so langwellig, daß sie schon in Luft stark absorbiert wird, so daß nur die zerstreute Primärstrahlung übrigbleibt.

Barklas Versuch ist schematisch aus Abb. 136 zu ersehen. Ein unpolarisiertes, eng ausgeblendetes Röntgenstrahlbündel wird an einem Kohleblock K_1

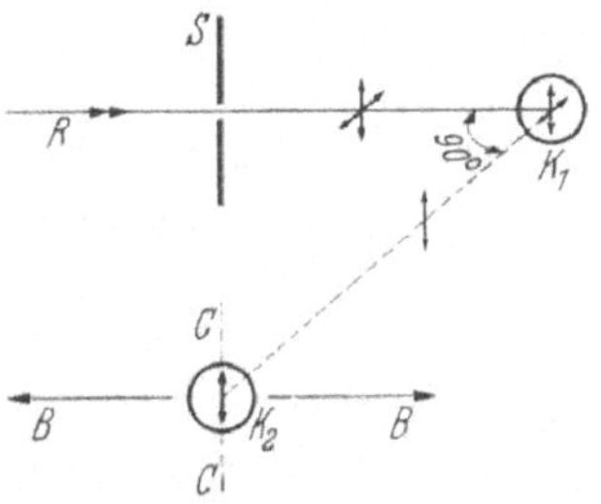

Abb. 136. Barklas' Versuch zur Polarisation der Röntgenstrahlen durch Streuung (schematisch).

gestreut. K_2 ist ein weiterer Kohleblock. Die Verbindungslinie $K_1 - K_2$ steht senkrecht auf RK_1. Die Zeichnung ist also

perspektivisch. Wenn das von K_1, dem Polarisator, unter 90°
gestreute Röntgenlicht polarisiert ist, so wie das sichtbare Licht
wenn es durch kleine Teilchen gestreut wird, muß der Block K_2,
der als Analysator dient, die Röntgenstrahlen am stärksten in
Richtung K_2B und gar nicht in Richtung K_2C streuen. Dies
konnte Barkla nachweisen. Der Versuch entspricht nahezu
vollkommen dem auf S. 88 beschriebenen Streuversuch mit
gewöhnlichem Licht und
zeigt einwandfrei, daß auch
die Röntgenwellen Quer-
wellen sind wie jede elektromagnetische Strahlung.

An die kurzwelligen
Röntgenstrahlen schließen
sich die von den radioaktiven Stoffen ausgesandten
Gammastrahlen von großer
Durchdringungsfähigkeit
an. Die kurzwelligste Gam-
mastrahlung hat eine Wel-
lenlänge von etwa vier
tausendstel Å. Man müßte
an eine Röntgenröhre eine
Spannung von etwa 3 000 000
Volt anlegen, um Röntgen-
strahlen dieser Wellenlänge
zu erhalten. Bleiklötze von
mehreren Zentimetern Dicke sind notwendig, um ihre Intensität merklich abzuschwächen.

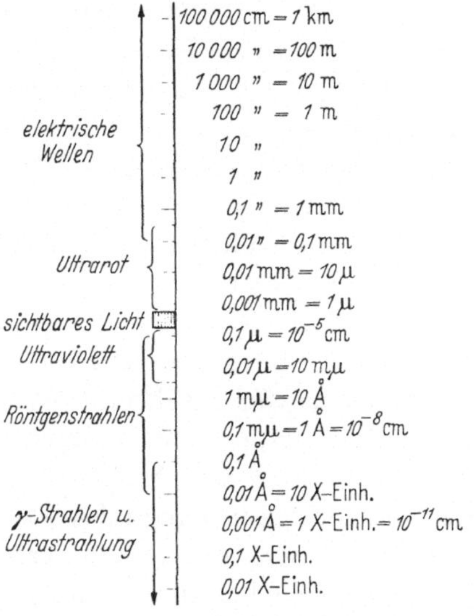

Abb. 137. Das gesamte
elektromagnetische Spektrum.

Doch ist damit noch keine Grenze für die kleinste mögliche
Wellenlänge gegeben. In der kosmischen Ultrastrahlung z. B. kommen noch viel kurzwelligere Strahlen vor. Die starken physiologi-
schen Wirkungen der Röntgenstrahlen und viele ihrer anderen
Eigenschaften lassen sich aus der Wellenvorstellung wiederum
nicht ableiten.

Wir geben zum Schluß eine vollständige Zusammenstellung
des elektromagnetischen Spektrums (Abb. 137). Nur der kleine
schraffierte Bereich wird von unserem Auge wahrgenommen.

Auch unsere anderen Sinne bemerken von allen diesen Strahlen unmittelbar nichts außer einer Wärmewirkung, wenn z. B. eine starke ultrarote Strahlung unseren Körper trifft. Die Folge einer Schädigung durch Röntgenbestrahlung oder ultraviolettes Licht bekommen wir erst nach längerer Zeit zu spüren. Sehr langwelliges Ultrarot und kurzwelliges Ultraviolett wird in der Atmosphäre der Erde absorbiert, so daß es im Sonnenlicht in tieferen Lagen an der Erdoberfläche fast völlig fehlt.

Wenn man auch die extrem langwelligen und kurzwelligen Arten unsichtbaren Lichtes erst gefunden hat, als man sie künstlich zu erzeugen und nachzuweisen gelernt hatte, weiß man heute doch, daß sie auch in der Natur vorkommen. Die Strahlung der Sonne im kurzwelligen Ultraviolett reicht weiter ins kurzwellige Gebiet, als man früher vermutete. Sie liegt in der Tat zum Teil im Gebiet der Röntgenstrahlenwellenlängen. Die Absorption dieser Strahlung erfolgt aber durch Ionisation schon in sehr hohen Schichten der Atmosphäre. Die Entstehung der Ionosphäre (S. 140) ist auf die Ionisation der Luft durch diese Strahlung zurückzuführen. Die kürzesten Wellen waren uns lange Zeit hindurch überhaupt nur bei den radioaktiven Vorgängen und in der Höhenstrahlung bekannt. Seit der Entdeckung der künstlichen Radioaktivität und seit der Erfindung von Maschinen, mit denen man den Elektronen und anderen geladenen Teilchen ungeheuer große Geschwindigkeiten erteilen kann, lassen sich diese härtesten Strahlen auch im Laboratorium erzeugen.

Lange elektrische Wellen entstehen in der Natur z. B. bei Blitzübergängen. Jedermann weiß das heute von den Störungen beim Rundfunkempfang. Seit einer Anzahl von Jahren kennt man auch eine schwache elektromagnetische Strahlung im Wellenlängengebiet von einigen Zentimeter bis etwa 30 m, die aus dem interstellaren Raum im Gebiet der Milchstraße kommt. Die Erscheinung wird als „galaktisches Rauschen" bezeichnet, weil diese Strahlung als Rauschen im Ultrakurzwellenempfänger wahrgenommen wird. Auch der Andromedanebel ist eine Quelle einer solchen Strahlung. Vielleicht stammt sie z. T. aus der Atmosphäre gewisser Typen von Sternen mit besonders starker Eruptionstätigkeit. Das wird dadurch nahegelegt, daß eine ähnliche Strahlung auch von der Sonne zu uns gelangt, wie man erst seit wenigen Jahren weiß. Bei starker Sonnenaktivität (Sonnenflecken und Eruptionen) beobachtet man eine beträchtliche Verstärkung der Strahlung im Wellenlängengebiet von über 1 m.

XV. Schluß.

Wir haben in diesem Buche nur die klassische Wellenvorstellung des Lichtes darzustellen versucht und sie hat sich als außerordentlich fruchtbar erwiesen. Als Krönung und Vollendung der klassischen Elektrodynamik und Optik ist die spezielle Relativitätstheorie A. Einsteins (1905) zu betrachten, trotz ihres revolutionären Charakters. Sie ist durch viele äußerst schwierige und genaue optische und elektrische Experimente bestätigt worden.

Aber so vollkommen auch die elektromagnetische Wellentheorie des Lichtes und die Vorstellung der elektrischen Oszillatoren und Resonatoren auf einem großen Gebiet der Lichterscheinungen leistet, bei einer ebenso großen und wichtigen Gruppe von Vorgängen versagt sie vollständig. Anzeichen dafür haben wir mehrfach kennengelernt. Am Anfang des vorigen Jahrhunderts traten diese Mängel der klassischen Theorie immer deutlicher in Erscheinung. In drei Schritten brachen sich die neuen Erkenntnisse Bahn.

Am 14. Dezember 1900 legte Max Planck der Berliner Physikalischen Gesellschaft seine heute so berühmte Hypothese der „Energiequanten" vor, durch die er das Rätsel der Gesetzmäßigkeiten der Temperaturstrahlung mit einem Schlage löste, die zu verstehen die Physiker sich lange vergeblich bemüht hatten. Die Oszillatoren in den Atomen mußten danach nicht, wie es die elektromagnetische Theorie verlangte, kontinuierlich absorbieren und emittieren, sondern in kleinsten Portionen oder Quanten von der Größe $h\nu$, wobei ν die Eigenfrequenz des Oszillators und h eine neue universelle Konstante ist, das sog. „*Plancksche Wirkungsquantum*" vom Betrage $6{,}627 \cdot 10^{-27}$ Erg · sec.

1905 machte A. Einstein den kühnen Versuch, den Quantengedanken auf das Licht selbst zu übertragen und führte damit eine Art Korpuskulartheorie des Lichtes in veränderter Form in die Physik wieder ein. Das Licht sollte aus „Photonen" vom Energiebetrag $h\nu$ bestehen. Anlaß dazu war eine merkwürdige, von P. Lenard entdeckte Gesetzmäßigkeit am lichtelektrischen Effekt. Genügend kurzwelliges Licht macht aus Metallen Elektronen frei, deren Geschwindigkeit mit der Frequenz ν nicht aber mit der Intensität des Lichtes zunimmt. Diese Tatsache ließ sich mit der Wellentheorie nicht erklären. Zu den Quanteneffekten gehören, wie man heute weiß, allgemein alle Vorgänge der Lichterzeugung, Lichtabsorption und der Umsetzung von Licht in Licht anderer Frequenz oder in andere Energieform. Alle photochemischen Erscheinungen sind Quanteneffekte. Auch das Auge reagiert auf Lichtquanten, nicht auf Lichtwellen. Die Quantennatur des Lichtes zeigt sich besonders deutlich beim kurzwelligen Licht mit seinen großen Quanten in den bereits erwähnten spezifischen Wirkungen, die bei langwelligem Licht wegen der Kleinheit der Quanten fehlen.

In einem dritten Schritt folgerte erst 1912 Niels Bohr aus der quantenhaften Emission und Absorption des Lichtes durch Materie den quantenhaften Bau der Atome und fand eine Deutung der Gesetzmäßigkeiten der Serienspektren der Elemente, die aus der klassischen Elektronentheorie nicht zu verstehen waren.

Eine gewaltige Arbeitsleistung auf theoretischem und experimentellem Gebiet hat seit jenen drei Schritten der Physik der Materie und der Strahlung neue Wege gewiesen und neue große Forschungsgebiete erschlossen. Die physikalische Forschung unseres Jahrhunderts trägt auf fast allen ihren Zweiggebieten den quantentheoretischen Stempel. Auch Chemie und Astrophysik haben aus dem Quell der neuen Erkenntnis reichen Gewinn gezogen. Es ist aber ein Irrtum zu glauben, die Wellentheorie des Lichtes wäre durch die neue Physik als falsch erwiesen worden. Sie bleibt unentbehrlich für das Verständnis der Interferenz und Beugung und für den größten Teil der in diesem Buche geschilderten Lichtvorgänge. Es zeigte sich endlich, als im Anschluß an theoretische Überlegungen des französischen Physikers L. de Broglie (1924), C. J. Davisson und L. A. Germer (1927) und G. P. Thomson (1927) zum materiellen Teilchen die „Materiewellen" fanden, zweifellos eine der erstaunlichsten Entdeckungen unseres Jahrhunderts, daß auch beides,

Lichtquanten und Lichtwellen, unentbehrliche und einander ergänzende Bilder ein und derselben physikalischen Realität sind, die wir Licht nennen. Wenn wir einen Naturvorgang wie das Licht untersuchen, so ist niemals dieser isolierte Vorgang an sich Gegenstand unserer Betrachtung. Wir benutzen immer irgendwelche Hilfsmittel, Linsen, Prismen, optische Gitter, Interferenzapparate oder aber photographische Platten, lichtelektrische Zellen, zum mindesten aber unser Auge. Die Wechselwirkung des Lichtes mit diesen Meßwerkzeugen oder Beobachtungsmitteln ist es, mit der wir es stets zu tun haben. Und hierbei zeigt es sich nun, daß das Licht je nach den Hilfsmitteln, mit denen wir es befragen, in der Sprache der Wellentheorie oder der Quantentheorie antwortet. Und ebenso steht es mit den materiellen Teilchen und Materiewellen.

Die Darstellung der Quantentheorie und ihrer erkenntnistheoretischen Folgerungen geht indessen weit über den Rahmen dieses Buches hinaus. Es sollte hier nur angedeutet werden, daß sich mit diesen Erkenntnissen ein grundlegender Wandel in der Auffassung der Naturgesetzlichkeit vollzogen hat und die Physik sich des symbolischen Charakters des physikalischen Weltbildes stärker bewußt geworden ist.

Namen- und Sachverzeichnis.